成品

分享技术与经验 成就专业与梦想

EDIUS 7

专业级视音频制作完全剖析（第2版）

苗鹏 朱鸿飞 王志新 编著

U0293205

0629

清華大学出版社

北京

内 容 简 介

本书采用技术理论和具体实例相结合的方式，结合作者多年丰富的技术理论和制作经验，详细讲述 EDIUS 7的重要功能和典型特效的制作以及视频后期处理技术等方面的内容。针对从事影视后期制作工作的读者，书中提供了一些有难度的技巧，并通过逐步讲解来启发读者的想象力，将设计理念融会其中。

全书共分10章，除常用的重要技术理论讲解外，还穿插了大量的边学边练，重点讲解了EDIUS在影视后期制作方面的典型技巧，包括素材校色、影像合成、转场特效、字幕特技、序列嵌套、组合效果和高级运动控制等，每一个模块都通过配套的实例充分展现EDIUS高超的创造力。通过对实例和特效的剖析，讲解软件的综合使用技巧，使读者能够举一反三，扩展思路，使应用软件成为影视后期制作强有力的工具。

本书既是从事影视广告设计和影视后期制作的广大从业人员必备的工具书，又可作为高等院校影视后期制作专业的首选教材。

图书在版编目(CIP)数据

成品——EDIUS 7专业级视音频制作完全剖析 / 苗鹏，朱鸿飞，王志新 编著. —2版. —北京：清华大学出版社，2015

ISBN 978-7-302-40024-0

Ⅰ.①成…　Ⅱ.①苗…②朱…③王…　Ⅲ.①视频编辑软件　Ⅳ.①TN94

中国版本图书馆CIP数据核字(2015)第086751号

责任编辑：李　磊
封面设计：王　晨
责任校对：成凤进
责任印制：何　芊

出版发行：清华大学出版社
　　　　网　　　址：http://www.tup.com.cn，http://www.wqbook.com
　　　　地　　　址：北京清华大学学研大厦A座　　　　邮　　编：100084
　　　　社　总　机：010-62770175　　　　　　　　　邮　　购：010-62786544
　　　　投稿与读者服务：010-62776969，c-service@tup.tsinghua.edu.cn
　　　　质　量　反　馈：010-62772015，zhiliang@tup.tsinghua.edu.cn
印　刷　者：北京鑫丰华彩印有限公司
装　订　者：三河市吉祥印务有限公司
经　　销：全国新华书店
开　　本：190mm×260mm　　　印　　张：22　　　字　　数：634千字
　　　　　(附DVD光盘2张)
版　　次：2012年10月第1版　　2015年6月第2版　　印　　次：2015年6月第1次印刷
印　　数：1～3500
定　　价：99.00元

产品编号：062271-01

EDIUS 是日本 Canopus 公司推出的优秀非线性编辑软件，专为广播和后期制作环境而设计，拥有完善的基于文件的工作流程，提供了实时、多轨道、多格式混编、合成、色键、字幕和时间线输出功能，能够帮助广大用户、独立制作人和专业用户优化工作流程，提高速度，支持更多格式，并提高系统运行效率，使用户将精力集中在编辑和创作上，不用担心技术问题。EDIUS 7 支持所有业界使用的主流编解码器的源码编辑，甚至当不同编码格式在时间线上混编时，都无须转码，特别针对新闻记者，无带化视频制播和存储，是混合格式编辑的绝佳选择。

本书属于影视制作实例教程类书籍，全书分为 10 个章节。第 1 章和第 2 章主要介绍关于视频编辑的基本知识和 EDIUS 7 的基本特性；从第 2 章开始到第 6 章进入主题讲解，主要针对视频编辑、音频编辑、转场和字幕等内容，以实例剖析的方式由浅入深地讲解；第 7 章对常用的视音频特效做了详细的效果和控制面板的介绍，还重点讲解了几种典型的插件，用实例帮助读者更好地理解和掌握组合运用特效的流程和技巧；第 8 章和第 9 章专门在理论的基础上用实例讲解了影视后期校色与合成技巧；第 10 章主要讲解影片的输出和多平台共用的解决方案。

本书结合作者多年制作包装和商业广告的丰富经验，逐步剖析 EDIUS 7 在剪辑和特效方面的制作技巧，通过实例讲解来启发读者的想象力，将设计理念融会其中，使读者能够举一反三，扩展思路。初中级用户可以在较短的时间内熟练掌握 EDIUS 后期制作的技巧和高效的创作流程，不断提高制作效率和作品质量；从事影视广告和电视包装工作多年的读者，可以在制作技巧和难度上有所提升，提高软件的综合使用能力。

本书由苗鹏、朱鸿飞和王志新编著，另外罗文、张慧、王妍、师晶晶、冯洁、王姗姗、张彬、王雷、陈春伟、陈瑞瑞、刘丽坤、尹小晨、陈静芳、甄伟峰、吴桢、朱鹏、刘一凡、张晓、彭聪、赵昆、杨柳、宋盘华、马丽娜、朱虹、白金辉、孙丽莉、李英杰、梁磊、吴倩、贾燕等人也参与了部分编写工作。

由于水平有限，书中纰漏与失误在所难免，恳请读者和专家批评指正，也希望能够与读者建立长期的交流学习的互动关系，技术方面的问题可以及时与我们联系。电子信箱：flyingcloth@126.com。

编 者

目 录
CONTENTS

第 1 章　视频编辑基础

1.1　线性与非线性编辑 … 2
1.1.1　线性编辑 … 2

1.1.2　非线性编辑 … 2

1.1.3　常用编辑软件 … 3

1.1.4　数字文件格式 … 6

1.2　常用术语 … 9
1.2.1　模拟与数字信号 … 9

1.2.2　视频制式 … 10

1.2.3　帧与场 … 10

1.2.4　分辨率与像素比 … 11

1.2.5　压缩编码 … 12

1.3　行业应用 … 13
1.3.1　电视节目制作 … 13

1.3.2　企业专题片制作 … 14

1.3.3　MV 制作 … 14

1.3.4　婚庆影像制作 … 15

1.3.5　微电影制作 … 16

1.4　本章小结 … 16

第 2 章　EDIUS 7 功能特性

2.1　软件简介 … 18

2.2　新增功能 … 19
2.2.1　改变的界面 … 19

2.2.2　新增功能 … 21

2.3　工作界面 … 22

2.4　工作参数设置 … 27

2.4.1　系统设置 … 27

2.4.2　用户设置 … 30

2.4.3　工程设置 … 33

2.5　自定义界面 … 34

2.6　本章小结 … 35

第 3 章　视音频编辑技巧

3.1　EDIUS 工作流程 … 37

3.2　组织素材 … 37
3.2.1　采集视音频 … 37

3.2.2　导入素材文件 … 40

3.2.3　创建素材 … 42

3.2.4　管理素材 … 45

3.3 编辑入门 ·································· 51
   3.3.1 基本编辑工具 ···················· 51
   3.3.2 编辑模式 ························ 54
   3.3.3 标记点 ·························· 58
   3.3.4 音频编辑 ························ 60

3.4 高级编辑 ·································· 62
   3.4.1 三/四点编辑 ···················· 62
   3.4.2 剪辑模式 ························ 64
   3.4.3 多机位模式 ···················· 71

3.4.4 代理模式 ························ 73

3.5 实例——故乡 MV ······················ 74
   3.5.1 粗剪——挑选素材 ·············· 75
   3.5.2 精剪画面 ························ 78
   3.5.3 添加转场与特效 ················ 81
   3.5.4 添加字幕 ························ 83
   3.5.5 输出影片 ························ 85

3.6 本章小结 ·································· 86

第4章 运动特效

4.1 关键帧动画 ······························ 88

4.2 视频布局动画 ···························· 91
   4.2.1 视频布局概述 ···················· 91
   4.2.2 裁剪图像 ························ 96
   4.2.3 二维变换 ························ 97
   4.2.4 实例——大伟摄影工作室宣传片 ···· 103

4.3 三维空间动画 ···························· 119
   4.3.1 三维空间变换 ·················· 119
   4.3.2 三维空间动画 ·················· 122

4.3.3 实例——飞云裳影音工社宣传片 ········· 124

4.4 速度调整 ································· 133
   4.4.1 素材调速 ······················· 133
   4.4.2 抽帧与静帧 ···················· 135

4.5 实例——浪漫之旅 ······················ 137
   4.5.1 制作镜头 1 ···················· 137
   4.5.2 制作其余镜头 ·················· 142
   4.5.3 最后合成 ······················ 144

4.6 本章小结 ································· 146

▶ 第 5 章　转场特技 🎞

5.1 视频转场概述 ·················· 148
　　5.1.1 2D 转场组 ················· 148
　　5.1.2 3D 转场组 ················· 153
　　5.1.3 Alpha 转场 ················ 158
　　5.1.4 GPU 转场组 ··············· 160
　　5.1.5 SMPTE 转场组 ············ 170
5.2 转场插件特效组 ·············· 174

5.3 字幕混合特效 ·················· 179
5.4 音频转场 ······················ 185
5.5 实例——时尚杂志广告片 ···· 187
　　5.5.1 序列 1 转场特效 ········· 187
　　5.5.2 最终合成特效 ············ 192
5.6 本章小结 ······················ 202

▶ 第 6 章　字幕特技 🎞

6.1 QuickTitler 快捷字幕 ········ 204
　　6.1.1 字幕编辑器 ··············· 204
　　6.1.2 字幕制作 ·················· 206
　　6.1.3 滚动字幕 ·················· 214

6.2 NewBlue Titler Pro 字幕插件 ··· 215
6.3 Heroglyph Titler 高级字幕工具 ·· 219
6.4 实例——制作字幕效果 ······· 225
6.5 本章小结 ······················ 235

▶ 第 7 章　EDIUS 视音频特效 🎞

7.1 视频特效概述 ·················· 238
　　7.1.1 视频滤镜 ·················· 238
　　7.1.2 视频滤镜预设 ············· 244

7.2 组合特效 ······················ 246
　　7.2.1 混合滤镜 ·················· 247
　　7.2.2 组合滤镜 ·················· 248

7.3 特效插件 ················ 249
  7.3.1 proDAD Vitascene 特效 ········ 250
  7.3.2 NewBlue 特效组 ··········· 252

7.4 音频滤镜 ················ 255
7.5 实例——金爵士咖啡广告 ····· 258
7.6 本章小结 ················ 264

第8章 色彩控制

8.1 矢量图与示波器 ··········· 266
8.2 校色与色彩匹配 ··········· 267
  8.2.1 色彩校正滤镜 ··········· 267
  8.2.2 特效预设 ············· 269
  8.2.3 实例——MV 校色一 ······· 272
8.3 二级校色 ················ 276

  8.3.1 三路色彩校正局部色调 ······ 276
  8.3.2 应用色度局部校正 ········ 279
8.4 校色插件 ················ 281
  8.4.1 Magic Bullet Looks 校色 ····· 281
  8.4.2 NewBlue ColorFast 快速校色 ·· 284
8.5 本章小结 ················ 286

第9章 视频合成

9.1 混合模式 ················ 289
9.2 抠像 ··················· 291
  9.2.1 色度键 ·············· 292
  9.2.2 亮度键 ·············· 294
  9.2.3 轨道蒙版 ············· 295
9.3 抠像神器 ISP ROBUSKEY ···· 297
9.4 遮罩 ··················· 302

  9.4.1 创建遮罩 ············· 302
  9.4.2 遮罩控制 ············· 306
  9.4.3 遮罩动画 ············· 308
9.5 实例 ··················· 310
  9.5.1 应用动态轨道遮罩 ········ 310
  9.5.2 最终合成 ············· 318
9.6 本章小结 ················ 322

▶ 第 10 章　成品处理

10.1　影片输出 ················· 324

　　10.1.1　输出菜单 ············· 324

　　10.1.2　输出到磁带 ··········· 326

　　10.1.3　输出到文件 ··········· 326

　　10.1.4　批量输出 ············· 327

　　10.1.5　制作 DVD ············ 328

10.2　声道映射 ················· 332

　　10.2.1　单声道和立体声 ······· 333

　　10.2.2　5.1 环绕声道输出 ······ 334

10.3　跨平台共享 ··············· 335

　　10.3.1　应用 EDL ············ 335

　　10.3.2　应用 AAF ············ 338

　　10.3.3　工程外编辑 ··········· 340

　　10.3.4　优化工程 ············· 342

10.4　本章小结 ················· 343

第1章

视频编辑基础

电影、电视、网络视频已经成为当前大众化、具有影响力的视觉媒体形式。从好莱坞电影所创造的科幻世界，到电视新闻所关注的现实生活和铺天盖地的电视广告，再到打开网页映入眼帘的视频内容，无不深刻影响着人们的生活。近十年来，因为个人计算机性能的显著提升和价格的不断下降，原先身价极高的专业软硬件逐步移植到计算机平台上，价格也日趋大众化，从而使数字技术全面进入影视制作领域，参与影视后期制作的部门和人员也越来越多，他们在各个环节中发挥着很大的作用。

1.1 线性与非线性编辑

对视频进行编辑的方式可以分为两种：线性编辑和非线性编辑。

1.1.1 线性编辑

线性编辑是指在摄像机、录像机、编辑机、特技机等设备上，以原始的录像带作为素材，以线性搜索的方法找到想要的视频片段，然后将所有需要的片段按照顺序录制到另一盘录像带中，其原理如图1-1所示。

现在很多专业的录像机带有遥控放像机的功能，不使用编辑控制器，也可以完成线性编辑，如图1-2所示。

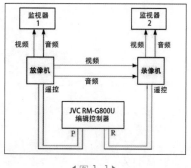

◀ 图1-1 ▶

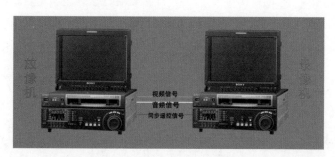

◀ 图1-2 ▶

在这个过程中，工作人员必须使用播放、暂停、录制等功能来完成基本的剪辑。如果在剪辑时出现失误，或者需要在已经编辑好的录像带上插入或删除视频片段，那么在插入点或删除点以后所有视频片段都要重新移动一次，因此在操作上很不方便。线性编辑需要耗费很多时间，并且录像带在经过了反复的录制、剪辑、添加特效与字幕等操作后，画面质量也会变得越来越差。

 提示 在现在的广播电视机构中，依然大量使用线性编辑来完成素材的挑选和粗剪工作。

1.1.2 非线性编辑

非线性编辑（Digital Non-Linear Editing, DNLE）是编辑多个视频素材的一种方式，用户在编辑过程中的任意时刻均能随机访问所有素材。非线性编辑技术融入了计算机和多媒体这两个领域的前端技术，集录像、编辑、特技、动画、字幕、同步、切换、调音、播出等多种功能于一体，改变了人们剪辑素材的传统观念，克服了传统编辑的缺点，提高了视频编辑的效率，如图1-3所示。

相对于线性编辑的制作途径，非线性编辑可以在计算机中利用数字信息进行视频/音频编辑，只需使用鼠标和键盘就可以完成视频编辑的操作。

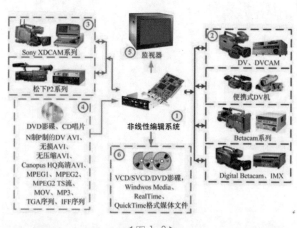

◀ 图1-3 ▶

常用的非线性视频编辑软件，主要是利用计算机平台对数字视频文件进行编辑和处理，它与计算机处理其他数据文件一样，在计算机的软件编辑环境中可以随时随地、多次反复地编辑和处理。

1.1.3 常用编辑软件

常用的通用型视频编辑软件有 Canpous 公司的 EDIUS、Adobe 公司的 Premiere Pro、Apple 公司的 Final Cut Pro、Corel 公司的 Video Studio Pro、Avid 公司的 Avid Xpress Pro 以及 SONY 公司的 Vegas 等。我们将在后面详细介绍 EDIUS 的特点和性能，下面先介绍其他的编辑软件。

1 Adobe Premiere Pro

Adobe Premiere Pro 是目前最流行的非线性编辑软件，是数码视频编辑的强大工具，作为功能强大的多媒体视频、音频编辑软件，应用范围不胜枚举，制作效果美不胜收，足以协助用户更加高效地工作。Adobe Premiere Pro 以其新的合理化界面和通用高端工具，兼顾了广大视频用户的不同需求，在一个并不昂贵的视频编辑工具箱中，提供了前所未有的生产能力、控制能力和灵活性，是一个创新的非线性视频编辑应用程序，也是一个功能强大的实时视频和音频编辑工具，是视频爱好者们使用最多的视频编辑软件之一，如图 1-4 所示。

◀图 1-4 ▶

最新版本的 Adobe Premiere Pro CC 在 Premiere Pro CS6 的基础上进行了重要的改进，并增加了新的功能。重点包括增加多 GPU 支持，使用户利用所有的 GPU 资源，让多个 Adobe Premiere Pro CC 工作在后台排队渲染，有效提高速度；重新设计了软件界面以及时间线，提供新的选择性粘贴属性对话框；新的"链接"和"定位"帮助用户轻松找到编辑过程中所需的文件；在 Muticam 编辑中加入了多轨音频同步功能；提供全新的隐藏字幕功能；内置更多的编解码器和原生格式；提供最新的 Lumetri Deep 色彩引擎，使颜色分级更高效。

2 Final Cut Pro

Final Cut Pro 是 Final Cut Studio 中的一个产品，如图 1-5 所示，与 Motion livetype soundtrack 等字幕、包装、声音方面的软件一起构建精确的编辑工具，几乎可以实时编辑所有影音格式，包括创新的 ProRes 格式。借助 Apple ProRes 系列的新增功能，能以更快的速度、更高的品质编辑各式各样的工作流程，可将作品输出到苹果设备、网络、蓝光光盘和 DVD 上。有了 iChat Theater，无论你在世界哪个角落，都可以实现即时协作。

◀ 图 1-5 ▶

苹果公司于 2011 年发行的新版本 Final Cut Pro X 被认为是一款全新的剪辑软件。这个视频剪辑软件由 Premiere 创始人 Randy Ubillos 设计，充分利用了 PowerPC G4 处理器中的极速引擎（Velocity Engine）处理核心，提供了全新的功能。该软件的界面设计相当友好，按钮位置得当，具有漂亮的 3D 质感，拥有标准的项目窗口及大小可变的双监视器窗口，它运用 Avid 系统中含有的三点编辑功能，在 Preferences 菜单中进行所有的 DV 预置之后，采集视频相当便捷，用软件控制摄像机，可批量采集。Final Cut Pro 支持 DV 标准和所有的 QuickTime 格式，凡是 QuickTime 支持的媒体格式在 Final Cut Pro 中都可以使用，这样就可以充分利用以前制作的各种格式的视频文件，还包括数不胜数的 Flash 动画文件。

③ 会声会影

Corel VideoStudio Pro 即会声会影（如图 1-6 所示），是一款非线性视频编辑软件，通过视频截取、编辑、特效、覆叠、标题、音频与输出等功能，把影片、图片、声音等素材结合成视频文件。借助多重视频修剪和高级编辑，可剪辑出精美效果和专业品质的影片 MV。

◀ 图 1-6 ▶

会声会影已经发布了 X7 版本，拥有更优秀的 64 位系统运行速度和性能，为 4K 高清多轨道项目提供更快的渲染，使用全新的 FastFlick™ 的简易编辑模式，快速组装视频和幻灯片只需 3 个简单的步骤，或从一个即时的项目模板更快捷地制作美观的视频，新的创造性内容和更简便的电影制作方式，在工作区的流线型的创新包括改进的多轨道的时间表。

会声会影 X7 对屏幕录制功能进行了优化，支持同时录制系统声音和麦克风的声音，并且新增了 mpg、MP4、flv、avi、mov 等几种常见的视频格式。

新版本还新增了更多的转场、滤镜，其中包括 28 个新转场、14 个新调色滤镜和 18 个视频特效滤镜，同时，会声会影 X7 推出官方视频特效插件和可挂接第三方插件，增加 3D 视频输出和编辑功能优化。

会声会影 X7 支持无限条覆叠轨道，增强了颜色管理，支持 32 位真彩色，兼容了其他的主流的颜色管理。

无论是记录 GoPro 或摄像机，惊人的 4K 倍增，或烧 DVD 和蓝光光盘，都会得到完整的质量和光滑控制，更新的用户界面看起来感觉很好。

会声会影 X7 64 位可以自行设置分辨率，且支持更高的分辨率，全面跨进 4K 分辨率时代，随着 HTML 5 视频的流行，在 HTML 视频兼容更加完善。

4 Avid Xpress Pro HD

Avid Xpress Pro HD 软件（如图 1-7 所示）基于荣获奥斯卡奖的 Avid 编辑环境，有众多出色的视频与电影编辑功能及强大的内置高清支持。作为一套独立的解决方案或便携式的离线编辑器，Avid Xpress Pro HD 提供了端对端的、灵活的解决方案，这些工具几乎能够完成影视制作过程中的所有任务。

◀ 图 1-7 ▶

5 Sony Vegas

Sony Vegas 是一款专业的影像编辑软件（如图 1-8 所示），现在被制作成 Vegas Movie Studio，是专业、简化而高效的版本，将成为个人计算机上最佳的入门级视频编辑软件。索尼 Vegas 具备强大的后期处理功能，可以随心所欲地对视频素材进行剪辑合成、添加特效、调整颜色、编辑字幕等操作，还包括强大的音频处理工具，可以为视频素材添加音效、录制声音、处理噪声，以及生成杜比 5.1 环绕立体声。此外，Sony Vegas 还可以将编辑好的视频迅速输出为各种格式的影片，直接发布于网络，刻录成光盘或回录到磁带中。

◀ 图 1-8 ▶

1.1.4 数字文件格式

为了更方便地存储视频信息，需要将拍摄得到的模拟视频信号转换为数字视频信号，并以文件的方式进行保存，通过数字 / 模拟（D/A）转换器，将模拟视频信号中的波峰或波谷转变为二进制数字 0 或 1，这个转变过程也就是通常所说的视频捕获或采集的过程。

1 数字视频格式

在视频捕获的过程中，必须通过特定的编码方式对数字视频文件进行压缩，在尽可能保证影像质量的同时，有效地减小文件大小，否则会占用大量的磁盘空间。对数字视频进行压缩编码的方法很多，也因此产生了不同的数字视频格式，比较有代表性的就是 MPEG 和 AVI。

下面介绍一下几种常用的视频格式。

▶ AVI 格式：全称为 Audio Video Interleaved，即音频视频交错格式，这是一种专门为微软公司 Windows 平台设计的数字视频文件格式。这个视频格式的优点是兼容性好、调用方便、图像质量好，缺点是占用的存储空间大，是将语音和影像同步组合在一起的文件格式。它对视频文件采用了一种有损压缩方式，但压缩比较高，因此尽管画面质量不是太好，但其应用范围仍然非常广泛。AVI 支持 256 色和 RLE 压缩。AVI 信息主要应用在多媒体光盘上，用来保存电视、电影等各种影像信息。

▶ MOV 格式：即 QuickTime 影片格式，是苹果公司开发的一种视频格式，用于存储常用数字媒体类型，在图像质量和文件大小的处理上具有很好的平衡性，不仅适合在本地播放而且适合作为视频流在网络中播放。QuickTime 因具有跨平台、存储空间要求小等技术特点，而采用了有损压缩方式的 MOV 格式文件，画面效果较 AVI 格式要稍微好一些。

▶ MPEG 格式：全称为（Motion Picture Experts Group），是运动图像压缩算法的国际标准，现已被几乎所有的计算机平台支持。MPEG 原指成立于 1988 年的运动图像专家组，该专家组负责为数字视 / 音频制定压缩标准，现指运动图像压缩算法的国际标准。MPEG 包括 MPEG-1、MPEG-2 和 MPEG-4。

MPEG-1 被广泛应用在 VCD（video compact disk）的制作与一些供网络下载的视频片断上。绝大多数的 VCD 采用 MPEG-1 格式压缩。可以把一部 120 分钟长的非数字视频的电影压缩成 1.2GB 左右的数字视频。这种视频格式的文件扩展名包括 mpg、mpe、mlv、mpeg 及 VCD 光盘中的 *.dat 文件等。

MPEG-2 应用在 DVD（Digital Video/Versatile Disk）的制作、HDTV（高清晰电视广播）和一

些高要求的视频编辑、处理方面。相对于 MPEG-1 的压缩算法，MPEG-2 可以制作出在画质等方面远远超过 MPEG-1 的视频文件，但是文件较大，同样对于一部 120 分钟长的非数字视频的电影，压缩得到的数字视频文件大小为 4～8GB。这种视频格式的文件扩展名包括 mpg、mpe、mpeg、m2v 及 DVD 光盘上的 vob 文件等。

MPEG-4 是一种新的压缩算法，使用这种算法的 ASF 格式可以把一部 120 分钟长的电影压缩到 300 MB 左右的视频流，可供在网上观看。

▶ WMV 格式：是微软公司出品的 Media Player 中的解码器所制作出来的一种视频格式，该格式的文件能够以高解析度来还原视频，效果可以相当于 DVDrip。

▶ ASF 格式：全称为 Advanced Streaming Format，是微软公司开发的一种可以直接在网上观看视频节目的流媒体文件压缩格式，也就是可以一边下载一边播放。由于它使用了 MPEG-4 的压缩算法，所以在压缩率和图像的质量上都非常好。

▶ NAVI（newAVI）格式：是一种新的视频格式，其压缩方法由 ASF 的压缩算法修改而来。它拥有比 ASF 更高的帧率，但是以牺牲 ASF 的视频流特性作为代价的，也就是说它是非网络版的 ASF。

▶ DIVX 格式：其视频编码技术可以说是一种对 DVD 很有威胁的新的视频压缩格式，由于它使用的是 MPEG-4 压缩算法，可以对文件进行高度压缩的同时保留非常清晰的图像质量。用该技术制作的 VCD，其画质与 DVD 的差不多，但制作成本却要低得多。

▶ FLV 格式：全称为 FLASH VIDEO，FLV 流媒体格式是随着 Flash MX 的推出发展而来的视频格式。由于它形成的文件极小、加载速度极快，使得网络观看视频文件成为可能，它的出现有效地解决了视频文件导入 Flash 后，使导出的 SWF 文件体积庞大，不能在网络上很好地使用等缺点。

▶ REAL VIDEO 格式（RA、RAM）：主要应用于视频流方面，是视频流技术的先驱。它可以在 56KB Modem 拨号上网条件下实现不间断的视频播放，但必须通过降低图像质量的方式来控制文件的大小，因而图像质量往往会比较差。

▶ RMVB 格式：比 RM 多了一个 VB，VB 指的就是 variable bit，即动态码率的意思，是 real 公司的新的编码格式 9.0 格式，打破了压缩的平均比特率，使在静态画面下的比特率降低，来达到优化整个影片中的比特率、提高效率、节约资源的目的。

2 数字音频格式

数字音频是通过对模拟声音进行采样、量化和编码后，以数据序列的方式记录声音的强弱。对数字音频文件同样需要通过压缩处理来控制文件大小，不同的压缩编码方式也会产生不同的音频格式。常见的音频格式有 WAV、MP3、MP4、MIDI、WMA、VQF、Real Audio 等。

下面将介绍几种常见的音频格式。

▶ WAV 格式：这是微软公司开发的一种声音文件格式，也叫波形声音文件格式，是最早的数字音频格式，Windows 平台及其应用程序都支持这种格式。它支持 MSADPCM、CCITT A LAW 等多种压缩算法。标准的 WAV 格式和 CD 一样，也是 44.1kHz 的采样频率，速率为 88kbit/s，16 位量化位数，因此 WAV 的音质和 CD 差不多，也是目前广为流行的声音文件格式，几乎所有的音频编辑软件都能识别 WAV 格式。

▶ MP3 格式：全称为"MPEG Audio Layer-3"。Layer-3 是 Layer-1、Layer-2 的升级版产品，具有很高的压缩率，由于其文件小、音质好，因此有良好的发展前景。

▶ MP3 Pro 格式：该格式可以在基本不改变文件大小的情况下改善原有 MP3 音乐的音质，在用较低的比特率压缩音频文件的条件下，最大程度保持压缩前的音质。

▶ MP4 格式：MP4 采用了保护版权的编码技术，只有特定用户才可以播放，这有效地保证了音乐版权。另外 MP4 的压缩比达到 1：15，比 MP3 更小，音质却没有下降。

▶ MIDI 格式：全称为 Musical Instrument Digital Interlace（乐器数字接口），是数字音乐电子合成乐器的国际统一标准，它定义了计算机音乐程序、数字合成器及其他电子设备交换音乐信号的方式，规定了不同厂家的电子乐器与计算机连接的电缆、硬件及设备之间数据传输的协议。

▶ WMA 格式：全称为 Windows Media Audio，这是微软公司开发的用于互联网领域的一种音频格式。音质要强于 MP3 格式，但是以减少数据流量、保持音质的方法来达到比 MP3 压缩率更高的目的，WMA 格式的压缩率一般都可以达到 1：18 左右。WMA 还支持音频流（Stream）技术，适合在线播放，更方便的是不用像 MP3 那样需要安装额外的播放器，只要安装了 Windows 操作系统就可以直接播放 WMA 音乐。

▶ VQF 格式：该格式也是以减少数据流量但保持音质的方法来获取更高的压缩比，压缩率可达到 1：18。VQF 文件更利于在网上传播，而且其音质极佳，接近 CD 音质（16 位 44.1kHz 立体声）。

▶ Real Audio 格式：这是由 Real Networks 公司推出的一种文件格式，其特点是可以实时地传输音频信息，尤其是在网速较慢的情况下，仍然可以较为流畅地传送数据，因此主要适用于网络上的在线播放。随着网络带宽的不同而改变声音的质量，在保证大多数人听到流畅声音的前提下，让拥有较大带宽的听众获得较好的音质。

3 图像格式

▶ TGA 格式：全称为 Tagged Graphics，是由美国 Truevision 公司为其显示卡开发的一种图像文件格式，文件后缀为".tga"，已被国际上的图形、图像工业所接受。TGA 的结构比较简单，属于一种图形图像数据的通用格式，在多媒体领域有很大影响，是计算机生成图像向电视转换的一种首选格式。TGA 图像格式最大的特点是可以做出不规则形状的图形图像文件，一般图形图像文件都为长方形或正方形，若需要有圆形、菱形甚至是镂空的图像文件时，TGA 可就派上用场了！TGA 格式支持压缩，使用不失真的压缩算法。

▶ PNG 格式：全称为 Portable Network Graphic Format（可移植网络图形格式），其名称来源于非官方的"PNG's Not GIF"，这是一种位图文件（bitmap file）存储格式。PNG 格式用来存储灰度图像时，图像深度可多到 16 位；存储彩色图像时，彩色图像的深度可多到 48 位，并且可存储多到 16 位的 α 通道数据。PNG 格式使用从 LZ77 派生的无损数据压缩算法，一般应用于 JAVA 程序、网页或 S60 程序中，这是因为它压缩比高，生成文件容量小。

▶ JPG 格式：JPG 图片以 24 位颜色存储单个光栅图像。JPG 是与平台无关的格式，支持最高级别的压缩，不过这种压缩是有损耗的，可以提高或降低 JPG 文件压缩的级别。但是文件大小是以牺牲图像质量为代价的。JPG 压缩可以很好地处理写实摄影作品。但是对于颜色较少、对比级别强烈、实心边框或纯色区域大的较简单的作品，JPG 压缩无法提供理想的结果。有时，压缩比率会低到 5：1，严重损失了图片的完整性。这一损失产生的原因是，JPG 压缩方案可以很好地压缩类似的色调，但是不能很好地处理亮度的强烈差异或处理纯色区域。

▶ BMP 格式：全称为 Bitmap，是 Windows 操作系统中的标准图像文件格式，可以分成两类：设备相关位图（DDB）和设备无关位图（DIB），使用非常广。它采用位映射存储格式，除了图像深度可选以外，不采用其他任何压缩，因此 BMP 文件所占用的空间很大，图像深度可选 1bit、4bit、8bit 及 24bit。BMP 格式文件存储数据时，图像的扫描方式是按从左到右、从下到上的顺序。由于 BMP 文件格式是 Windows 环境中交换与图有关的数据的一种标准，因此在 Windows 环境中运行的图形图像软件都支持 BMP 图像格式。

▶ GIF 格式：全称为 Graphics Interchange Format，是 CompuServe 公司开发的图像文件存储格式，1987 年开发的 GIF 文件格式版本号是 GIF87a，1989 年进行了扩充，扩充后的版本号定义为 GIF89a。GIF 图像文件以数据块（block）为单位来存储图像的相关信息。一个 GIF 文件由表示图形图像的数据块、数据子块以及显示图形图像的控制信息块组成，称为 GIF 数据流（Data Stream）。数据流中的所有控制信息块和数据块都必须在文件头（Header）和文件结束块（Trailer）之间。GIF 文件格式采用了 LZW（Lempel-Ziv Walch）压缩算法来存储图像数据，定义了允许用户为图像设置背景的透明（transparency）属性。此外，GIF 文件格式可在一个文件中存放多幅彩色图形图像，并可以像演幻灯片那样显示或像动画那样演示。

1.2 常用术语

1.2.1 模拟与数字信号

视频内容的记录方式一般有两种，一种是以数字信号（Digital）的方式记录，另一种是以模拟信号（Analog）的方式记录。

模拟信号以连续的波形记录数据，主要在传统的设备上播放，如电视机、摄像机等，储存介质主要为 VHS（12mm 带宽的录像带）、V8（8mm 带宽的录像带）等。模拟信号也可以通过有线和无线的方式传输，传输质量随着传输距离的增加而降低。以模拟信号的方式记录得到的视频称为模拟视频，如图 1-9 所示。

◀ 图 1-9 ▶

数字信号以 0 和 1 的二进制方式记录数据内容，并存储在新型的存储介质中，如 DV（6.35mm 带宽的数码录像带，体积更小，记录时间更长，记录速度为 18.8mm/s）、DVCam（这种数码录像带的性能与 DV 带差不多，记录速度为 28.8mm/s）及各种数字影音光盘等。数字信号可以通过有线和无线的方式传播，传输质量不会随距离的变化而变化，在传输过程中不受外部因素影响。以数字信号方式记录得到的视频称为数字视频，主要在电脑、数码摄像机、数码影碟机等数码设备上播放，如图 1-10 所示。

◀ 图 1-10 ▶

1.2.2 视频制式

电视视频是一种简单的模拟信号，由视频模拟数据和视频同步数据构成，用于接收显示图像。信号的细节取决于应用的视频标准或制式，目前世界上的彩色电视主要有三种制式。

▶ NNTSC（National Television Standards Committee）：即正交平衡调幅制式，由美国全国电视标准委员会制定，分为NTST-M，NTSC-N等类型，每帧525线（60Hz），规定视频源每秒发送30幅完整的画面（帧），这种制式主要被美国、加拿大等大部分西半球国家以及日本、韩国等采用。

▶ PAL（Phase Alternate Line）：即正交平衡调幅逐行倒相制式，分为PAL-B，PAL-I，PAL-M，PAL-N，PAL-D等类型，每帧625线（50Hz），规定视频源每秒发送25幅完整的画面（帧），这种制式主要被英国、中国、澳大利亚、新西兰等地采用，我们国家采用的是PAL-D。

▶ SECAM（SEquential Couleur Avec Memoire）：顺序传送和储存彩色电视系统，也被称为轮换调频制式，有SECAM-D/K等类型，主要在法国、东欧、中东及部分非洲国家被采用。

模拟波形在时间和幅度上都是连续的。为了把模拟波形转换成数字信号，必须把这两个量纲转换成不连续的值。幅度表示成一个整数值，而时间表示成一系列按时间轴等步长的整数距离值。把时间转换成离散值的过程称为采样，而把幅度转换成离散值的过程称为量化。这两个过程一起称为模拟/数字转换，简称模数转换（A/D）。

由于连续的模拟信号经A/D转换变成离散值，所以只能建立原始信号的近似值。但如果选择的采样值、量化值比较合适，A/D转换就能以充分的精度完成，在由数字系统再现时，使近似误差不被观测出来。因为数字系统能正确地再现数字值，不存在损失，所以最初的A/D转换所得到的近似值是最重要的，它决定了整个系统的精度。

对于采样来说，它采用了一定频率的时钟脉冲读取模拟波形的瞬时值，从而产生一系列采样值，因此采样时钟频率也称为采样速率。显然，在采样过程中，只要采样速率足够高，就能较好地表示模拟波形。

在采样阶段，信号只在时间上是离散的，每一个采样值仍然是模拟信号，而且每一个采样值都可具有连续范围内的任意值。而最终将这些离散的模拟信号转化成数字信号的过程，就是量化。

量化是指将一系列离散的模拟信号在幅度上建立等间隔的幅度电平。如果我们把最大的幅度分成16级量化电平，就可对任一幅度值赋予一个从0～15的值，每一个采样值都与适当的阈电平相匹配，这样就能赋予相应的数值，然后对这个数值进行编码，像16级量化就可用4个二进制数表示，也被叫作4比特量化。这种简单的数字编码流称为脉冲编码调制（PCM）。当然，数字编码不仅限于采用一系列线性量化值。

为了尽可能地近似模拟信号，必须要有足够高的采样速率和足够多的量化电平。对于采样速率来讲，可以遵循奈奎斯特定理。这一定理指出：为了重视最高频率为f的波形，该波形必须以$2 \times f$速率来采样。如果以较低的速率进行采样，中高频成分将不能正确反映，而如果以较高的速率进行采样，可能会产生失真输出。对于量化电平数来讲，在特定情况下确定应使用多少电平是非常困难的，但输入信号中存在的噪声量必须加以考虑，提供过多的量化电平使它们重视噪声信号是毫无意义的。

1.2.3 帧与场

1 帧的概念

视频中光信号转换为电信号的扫描过程就如同彩色扫描仪的扫描过程，从图像的左侧顶点开始，水平向右侧行进，同时扫描点也以较慢的速率向下移动。当扫描点到达图像右侧边缘时，则快速返回左侧，在第一行的起点下面重新开始第二行扫描。行与行之间的返回过程称为水平消隐。一幅完整图像的扫描信号由水平消隐间隔分开的行信号序列构成，称为一帧。扫描点扫描完一帧后，要从图像的右下角返回到图像的左上角，开始下一帧的扫描，这一时间间隔叫作垂直消隐。PAL 制信号采用 625 行 / 帧扫描，而 NTSC 制信号采用 525 行 / 帧扫描。

2　场顺序

视频素材分为交错式和非交错式，当前大部分广播电视信号是交错式的，而计算机图形软件是以非交错式显示视频的。交错视频的每一帧由两个场（Field）构成，称为场 1 和场 2，或奇场（Odd Field）和偶场（Even Field），在 Premiere 中称为上场（Upper Field）和下场（Lower Field），这些场依顺序显示在 NTSC 或 PAL 制式的监视器上，能产生高质量、平滑的图像。

场是以水平分隔线的方式保存帧的内容，在显示时先显示第一个场的交错间隔内容，然后再显示第二个场来填充第一个场留下的空隙。每一个 NTSC 视频的帧大约显示 1/30 s，每一场大约显示 1/60 s，而 PAL 制视频的每一帧显示时间是 1/25 s，每一场显示为 1/50 s。

在非交错视频中，扫描线是按从上到下的顺序全部显示的。计算机视频一般是非交错的，电影胶片类似于非交错视频，但是每次显示整个帧的。

如果在 Premiere 中输出广播电视用的交错视频产品，就要求在其他图像软件中不要进行场渲染或产生交错的视频素材，确保源素材在合成中的场顺序，以便 Premiere 能正确地渲染。来自计算机的视频素材以非交错式能够最大限度地保持图像的质量，并在 Premiere 的合成中省去分离场的过程，当然需要使用其他的图像软件渲染一段素材时，可以以 50fps 的帧渲染格式（非交错式）进行渲染，导入到 Premiere 进行合成时，Premiere 可通过高质量的场渲染（交错式）的方式产生广播级的 25fps 的视频产品。最后需要输出的视频是交错式还是非交错式，取决于它的最终用途，如果用于广播电视，就要输出交错式的；如果在视频流或者在计算机上观看，就要求输出非交错式的，如果是转成电影胶片，当然最好去专业的公司用专业的设备来完成。

在 Premiere 中，如果要使用交错式或场渲染的素材，在导入素材时就有必要使用分离场的方法得到理想的结果，尤其是需要对素材做进一步加工（比如缩放、旋转或变速）时，场的分离是至关重要的，通过场的分离，Premiere 能精确地将视频中的两个交错帧转换为非交错帧，在编辑和应用效果时最大程度地保留图像信息，以保证最好的质量。

交错视频有场顺序的问题，即定义两个场（上和下）的显示先后顺序。先显示上场后显示下场称为上场顺序（Upper Field Ordered），先显示下场后显示上场称为下场顺序（Lower Field Ordered）。场顺序在处理包含运动的画面时是非常重要的，但是场顺序在广播系统和编辑系统中是可变的，不同的系统使用的场顺序是不同的，如果以错误的场顺序来分离场，则运动画面不能流畅平滑地显示，所以在导入运动素材后要查看场顺序。

1.2.4　分辨率与像素比

像素比是指图像中的一个像素的宽度与高度之比，而帧纵横比则是指图像的一帧的宽度与高度之比，例如 D1 NTSC 格式的像素比为 0.9，帧的纵横比为 4∶3。对视频输出，帧纵横比可以相同，而像素比可以不同，例如某些 D1/DV NTSC 图像的帧纵横比是 4∶3，但使用方形像素（1.0 像素比）的是 640×480，使用矩形像素（0.9 像素比）的是 720×480。DV 基本上使用矩形像素，在 NTSC 视频中是纵向排列的，而在 PAL 制视频中是横向排列的。使用计算机图形软件制作生成的图像大多使用方形像素。

像素比的设置如表 1-1 所示。

表 1-1　像素比的设置

图像格式	尺寸	帧纵横比	像素比	帧速率
NTSC	640×480	4：3	1.0	29.97
NTSC	640×486	4：3	1.0	29.97
NTSC DV	720×480	4：3	0.9	29.97
NTSC DV Widescreen	720×480	16：9	1.2	29.97
NTSC D1	720×486	4：3	0.9	29.97
NTSC D1	720×540	4：3	1.0	29.97
PAL D1/DV	720×576	4：3	1.067	25
PAL D1/DV	768×576	4：3	1.0	25
PAL D1/DV Widescreen	720×576	16：9	1.4222	25
HDTV	1280×720	16：9	1.0	29.97
D4/D16 Anamorphic	1440×1024	4：3	1.9	24
Cineon Half	1828×1332	457：333	1.0	24
HDTV	1920×1080	16：9	1.0	24
Film　2K	2048×1536	4：3	1.0	24
D4/D16 Standard	2880×2048	4：3	0.95	24
Cineon Full	3656×2664	457：333	1.0	24

1.2.5　压缩编码

模拟视频信号数字化后，数据量是相当大的，以 PAL IRUR601 标准来说，每一帧按 720×576 的大小进行采样，以 4：2：2 的格式，8 比特量化来计算，每秒钟图像的数据量约 21.1MB，这么大的数据量，使得传输、存储和处理都非常困难。以计算机所用的硬盘为例，1GB 硬盘存储不到 50 秒的视频，可以想象，用来存储视频数据的硬盘该有多大？更为重要的是，目前可用的快速 AV 硬盘的速度，离 21.1MB/s 还有一段相当大的距离，显然，解决这一问题的出路只有采用压缩编码技术。

图像压缩方法基本可分成两类：无损压缩和有损压缩。在无损压缩中，当数据被压缩之后再进行解压，得到的重现图像与原始图像完全相同。显然，无损压缩是理想的，因为不丢失任何信息，但是对于数字视频来说，其压缩的比例通常很小，并不适用。在有损压缩中，解压后得到的重现图像相对于原始图像产生了误差，图像质量有所降低，但引起的误差可以是很细微的，人眼几乎无法察觉到，同时它可以提供更高的压缩比，因此，有损压缩在视频处理中得到了广泛应用。

目前，常用的压缩编码技术是国际标准化组织推荐的 JPEG 和 MPEG。

JPEG 是 Joint Photographic Experts Group（联合图像专家组）的缩写，是图像压缩的标准。可按大约 20：1 的比率压缩图像，而不会导致太大的图像质量和彩色数据的误差，再一个优点就是压缩和解压是对称的，这意味着压缩和解压可以使用相同的硬件或软件，而且压缩和解压时间大致相同。而其他大多数视频压缩做不到这一点。Motion-JPEG 实现对视频图像的实时压缩和解压缩，用于大部分的电视非线性编辑卡。使用 Motion-JPEG 方式采集的视频在编辑过程中可以随机编辑任意帧，而与其他帧不相关。这对以后更为精细的后期编辑是很重要的。

MPEG 的帧间编辑采用三种方式，有 I 帧、P 帧和 B 帧。I 帧就是参考帧，作为其他帧的基准；P 帧是预测帧，它是根据当前帧的变化预测出的帧；B 帧是双向预测帧，它根据前后的 I 帧和 P 帧双向预测而产生。I 帧、P 帧和 B 帧之间的时间间隔，可根据被压缩视频的复杂程度以及所要求的质量综合考虑，它决定了压缩比的大小。VCD 采用的是 MPEG-1 压缩编码，能将数字视频信号压缩到 1.5MB/S，约 140：1 的压缩比。而 Motion-JPG 如果采用同样的压缩比，所得到的数字视频将惨不忍睹。MPEG 编码按不同的用途可划分为 MPEG-1 和 MPEG-2。MPEG-1 能将图像和伴音的总码率压缩到 1.5MB ／S，应用于对图像质量要求不太高的 VCD 领域；MPEG-2 能提供广播质量要求的编码标准，目前已用于 DVD、高清电视等领域，现在 MPEG-4 已经广泛用于网络视频。

MPEG 是一种不对称的压缩算法，压缩的计算量比解压缩大得多，所以压缩常用硬件来执行，而解压缩则用软硬件均可执行。由于 MPEG 压缩形成的数字视频不具有帧的定位功能，因此无法对帧进行编辑处理。在视频制作过程中，往往是非线性编辑系统先采用通用的格式进行编辑（如 avi 格式），最后再转换成 MPG 文件。

1.3　行业应用

非线性视频编辑的用途相当广泛，从专业的电影、电视领域扩大到计算机游戏、多媒体、网络、家庭娱乐等更为广阔的领域，许多在这些领域的专业人员和大量的影视爱好者都可以在自己的计算机上制作自己喜爱的影视作品了。从当前后期制作的行业角度来说，主要应用于电视节目制作、企业专题片制作、MV 制作、婚庆影像制作和微电影制作等。

1.3.1　电视节目制作

电视节目在其发展演变过程中，表现内容越来越广泛，表现形式越来越丰富，科学的分类有利于正确认识不同类型节目的特性和规律，也是制作节目、办好节目的依据。电视节目的发展和变化历来与科技发展同步，在电视摄像、制作、传送和播出等设备和技术的不断改进及其性能不断完善的条件下，电视节目质量得到不断提高，节目形态随之而来的发展和变化则标志着电视特性渐趋完备，传播范围和影响日益扩大，与受众距离逐步缩小。

我们作为观众所能看到的电视节目除了直播之外，大多数是经过后期制作的，不仅包括节目内容本身，还包括那些精美的片头、片花以及字幕版等，如图 1-11 所示，当然这些都离不开后期编辑软件。

◀图 1-11▶

1.3.2 企业专题片制作

企业专题片如同一张企业名片，利用声音、影像等资讯，随着音乐的节奏，在轻松的环境之中真正展示一个企业的精神、文化、产品和发展状况，能够有效地提升和推广企业形象，彰显企业自身地位、实力和魅力，为企业文化和企业精神的弘扬进行有力的铺垫，可以更直观地展示企业产品和服务，对产品的功能、使用方法、用途及其优点等进行详细的介绍，帮助企业招商引资、开拓市场，使企业被更多的同行认识、被更多的合作伙伴所熟知，以达到提升企业品牌价值、促进销售的终极目的。

随着视频传媒的普及与发展，企业专题片的内容多样化，可以根据企业量身定制，企业专题片可以涵盖企业文化、企业发展经历、企业创办人介绍、企业排名、企业资金与实力、企业发展方向、团队风采、未来展望、企业荣誉等。企业专题片是运用现在时或过去时的纪实，对社会生活的某一领域或某一方面，给予集中的、深入的报道，内容较为专一，形式多样，允许采用多种艺术手段表现社会生活，允许创作者直接阐明观点的纪实性影片，它是介于新闻和电视艺术之间的一种电视文化形态，既要有新闻的真实性，又要具备艺术的审美性。一部高质量的企业专题片可以让企业的宣传变得更生动，更好地让人们去接受，不仅仅可以让销售人员省去很多不必要的口舌，向客户展现一个企业的综合形象和实力，而且还能让企业与同行之间有着明显的层次区分，让企业在本行业中的形象更突出，并展现出自身的实力和个性魅力。如图 1-12 所示为某企业的专题片效果。

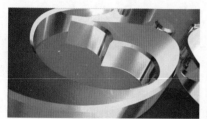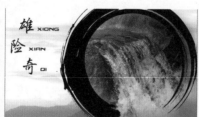

◀图 1-12▶

1.3.3 MV 制作

MV 在某种程度上可以看作电影短片，其从内容到形式，从音乐到画面，从感情到语言，从技术到艺术每一样都是经典的浓缩。

在拿到素材进行剪辑之前，必须对 MV 所选用的歌曲与主题进行探讨。弄懂歌曲要表达的意义，了解情感基础，这样在剪辑时才能把握好画面的组接，确定剪辑节奏和剪辑风格，并且还要完成主题、意义的分析。

MV 的剪辑工作就是对现有的音乐作品进行的二度创作。如何在有限的时间段内表达完整巨大的信息量，关键就是把组成 MV 的视听元素按照歌曲的主题定位、节奏风格确定剪辑方案，把握好镜头与音乐之间的剪接点，以求声画统一。

镜头的剪辑要根据音乐的节奏来灵活选择处理。音乐叙述和抒情的地方，镜头的处理应注重舒缓有致，而紧张剧烈的音乐则要求镜头简短紧凑，动作感要强；在强节奏音乐的重音处，可选择急推镜头或硬切；滑音处，可选用推或者拉镜头。

一个作品艺术效果的好坏，关键在于剪辑师的基本功，包括剪辑技巧、对镜头的理解和把握能力，非编设备仅仅是实现剪辑意图的工具而已。如图 1-13 所示为 MV 的画面。

◀图 1-13▶

1.3.4 婚庆影像制作

说到婚礼影像，大家肯定已经参加过很多次别人的婚礼，也看到过婚礼上有一些摄影师、摄像师来记录新人当天的情景，也一定看到过亲友的婚礼照片或录像，所以对婚礼影像，并不是很陌生。况且，随着全民单反、全民摄影时代的到来，哪个爱好者没有为朋友拍过婚礼呢，又有哪场婚礼上没有朋友来操刀拍摄呢？

婚礼影像其实很容易理解，"影"就是婚纱摄影，"像"就是婚礼录像。一套唯美感人的婚礼影像对接下来的婚姻有着相当重要的作用和意义。首先，一场婚礼上最应该有的就是影像，婚礼是神圣的，爱情是伟大的，我们应该更多地记录真善美，把爱分享给每一位看过影像的朋友。因为当鲜花枯萎，婚纱封存，宴会落幕，一切沉寂之后，唯有影像长存。在很多年之后，回首看看自己的婚礼，会有穿越时光的感动。

婚礼影像的最高境界，是在尽量忠实记录现场的前提下，达到更加艺术唯美意境的效果，显然这是更难的。在后期制作方面，已经逐步从婚纱照的做法，进步到学习欧美大师的手法上，更多以凸显精彩瞬间和情感迸发作为艺术诉求点，因为这些才是长久的和真挚的。在后期制作的过程中，音乐的效果不可小视，音乐的作用在婚礼影片中也是非常重要的，一定要和画面融为一体，并透过画面更加进一步地衬托音乐的美。

婚礼影片一定要生活化，真实生活的呈现是婚礼影片的主题，一定不要过多的演绎成分。艺术的场景一定是生活记录的真实，是对婚礼摄像后的视频画面进行的一次艺术上的升华。

从商业角度出发，婚礼影片的制作其实是可以公式化的，因此在后期制作的时候，可以将整个婚礼大致分为几个模块，如片头、接亲、典礼、外景、片尾。由于每一次婚礼的场面不同，婚礼庆典的过程中司仪主持的风格不同，拍摄外景时新郎和新娘的表现不同等，都会使每次婚礼的后期制作既有相同的模式又有不同的风格。如图 1-14 所示为婚礼摄像画面。

◀图 1-14▶

▶ 1.3.5 微电影制作

　　微电影，短而美，精且新，作为新时代推出的小型电影，以四两拨千斤的优势，攻克资金关、信息关和效果关，像一把万能钥匙打开企业与消费者之间的阻隔之门。现在各行各业均有企业进行了微电影营销，利用微电影进行有效传播，打破了传统的营销模式，是营销模式的创新。

　　微电影的创作包括前期策划、编写剧本、分镜头脚本、前期准备、拍摄以及后期剪辑等，每个环节都要尽量达到预期，通过后期的加工就能锦上添花。片子拍摄好后，要对已有的素材进行初剪、复剪、精剪、配音、配乐、字幕以及特效等一系列的制作，让整个片子有序而不凌乱。在整个剪辑过程中，既要保证镜头与镜头之间叙事的自然、流畅、连贯，又要突出镜头的内在表现，即达到叙事与表现双重功能的统一，并能够给大家带来视听结合的效果，让观众了解影片所要表达的思想。

　　了解电影中的蒙太奇手法，对后期的剪辑也非常有帮助。剪辑是一项既繁重又细致的工作。一部故事影片往往少则几百个、多则上千个镜头。剪辑既要保证镜头与镜头组成的动作事态外观的自然、连贯、流畅，又要突出镜头并赋予动作事态内在含义的表现性效果。叙事与表现双重功能的辩证统一，是剪辑艺术技巧运用于电影创作的总则。要实现上述双重功能，需要掌握传统的剪辑技法和创造性的剪辑艺术技巧。如图 1-15 所示为微电影的画面。

◀ 图 1-15 ▶

■ 1.4 本章小结

　　本章主要讲述了数字非线性编辑的基本概念，介绍了编辑软件 EDIUS 7 的特点和应用的素材格式，并简述了视频素材的采集方法。

第 2 章

EDIUS 7 功能特性

在开始学习视频编辑之前，首先要了解 EDIUS 软件的特性和新增功能，对其工作界面、常用工具和滤镜等了如指掌，对常用的工作参数设置，包括系统设置、用户设置、工程设置以及序列设置做到全面掌握，这关系到工作项目中的素材和输出成品的规格，为了方便剪辑师工作，可以自定义工作界面，满足个人的操作风格，也会大大提高后期工作的效率。

2.1 软件简介

EDIUS 7 是一款专为广播和后期制作环境而设计的非线性编辑软件，特别是针对无带化视频制播和存储。除了标准的 EDIUS 系列格式，还支持 Infinity、JPEG 2000、DVCPRO、P2、VariCam、Ikegami、GigaFlash、MXF、XDCAM 和 XDCAM EX 视频素材。中文版 EDIUS 7 同时支持所有 DV、HDV 摄像机和录像机，拥有完善的基于文件工作流程，提供了实时、多轨道、多格式混编、合成、色键、字幕和时间线输出功能，如图 2-1 所示。

◀图 2-1▶

EDIUS 意味着"随时、随地，任意编辑，并有更多的分辨率选择、无限轨道和实时编辑能力。无论是标准版 EDIUS Pro 7，还是网络版 EDIUS Elite 7，在广播新闻、新闻杂志内容、工作室节目、纪录片，甚至 4K 影视制作方面，都是使用者的最佳选择工具。更多创造性工具和对于所有标清、高清格式的实时、无须渲染即可编辑的特性，使 EDIUS 7 成为当前最实用和实现快速编辑的工具之一。

由于是专为 Windows 7 和 Windows 8 开发的原生 64 位应用程序，EDIUS 7 可以充分利用最多达 512 GB（Windows 8 企业和专业版），或者最多 192 GB（Windows 7 旗舰、企业和专业版）物理内存供素材操作的快速存取，特别是画中画、3D、多机位和多轨 4K 编辑。EDIUS 7 利用现代的 64 位计算机技术，带来了更快的、更具创造性的编辑体验；它还具有如下优势。

▶ 多种格式实时混编，不限轨道数量，以及同一时间线的实时帧速率转换，令剪辑师的编辑工作更快、更具创意。

▶ 高级 4K 工作流程，包括支持的 Blackmagic Design 的 DeckLink 4K Extreme 和 EDL 导入 / 导出，与达芬奇进行颜色校正交流。

▶ 打开第三方 I / O 硬件，兼容 Blackmagic Design、Matrox 公司和 AJA。

▶ 编辑媒体文件不同的分辨率，从 24×24 到 4K×2K，为同一时间轴上的帧速率的实时转换提供了更高效的编辑。

▶ 快速、灵活的用户界面，包括无限的视频、音频、标题和图形轨道。

▶ 支持最新的文件格式（索尼 XAVC / XVAC S、松下 AVC-Ultra 和佳能 1D C M-JPEG）。

▶ 支持许多不同的视频格式，如索尼的 XDCAM、松下的 P2、池上的 GF、佳能 XF 格式和 EOS 电影格式。

▶ 市场上最快的 AVCHD 编辑（最多 3 + 实时流）。

▶ 可同时多镜头编辑多达 16 个不同源，支持视频输出。

▶ 改进的 MPEG 编码器速度和质量。

▶ 改进的 H.264/AVC 解码器。

▶ 对第四代 Intel Core i 架构进行了优化。

▶ 精简的实时编辑，可用最大内存访问 64 位本地处理。

▶ 较慢计算机上的代理模式工作流程，有助于延长其可用性，并提高投资回报率。

▶ 支持英特尔的 Ivy Bridge / Sandy Bridge 出口和蓝光光盘刻录速度极快的硬件。

▶ 快速处理大量的静止图像文件（JPG、TGA、DPX 等）。

▶ 3D 立体编辑。

▶ 内置响度表。

▶ 影像稳定器。

▶ 直接到蓝光光盘和 DVD 的时间表出口。

2.2　新增功能

　　新的 EDIUS 7 有更多的分辨率选择、无限轨道和实时编辑能力。更多的创造性工具和对所有标清、高清格式的实时、无须渲染即可编辑的特性，使 EDIUS 7 成为当前最实用和实现快速编辑的非编工具之一。

　　下面简单介绍一下 EDIUS 7 的改进和新增功能。

2.2.1　改变的界面

1　启动界面

　　新的版本采用了新的启动界面，如图 2-2 所示。

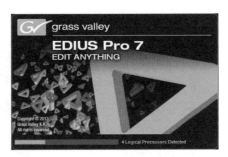

◀图 2-2▶

2　EDIUS 7 整体界面和新设计的 UI 图标

　　在 EDIUS 7 中，更换了整体界面，新设计了 UI 图标，如图2-3所示。

◀图 2-3▶

3 EDIUS 7 中的 4K 工程设置

EDIUS 7 在工程设置面板中增加了 4K 项，可编辑的视频尺寸最大为 4096×2160，如图 2-4 所示。

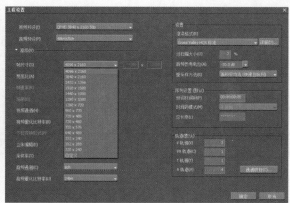

◀图 2-4▶

4 EDIUS 7 中的坐标视图

EDIUS 7 中的坐标视图也有所改变，如图 2-5 所示。

◀图 2-5▶

5 EDIUS 中的高斯模糊

在 EDIUS 7 中新增了高斯模糊滤镜，如图 2-6 所示。

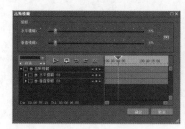

◀图 2-6▶

6 EDIUS 7 中的调音台

新版本的调音台控制面板也有了很大的改进，如图 2-7 所示。

7 特效窗口

特效的分组有所变化，查找和选择更为直观和方便，如图 2-8 所示。

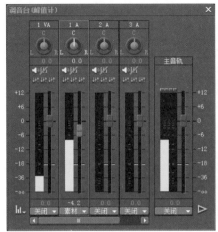

◀ 图 2-7 ▶

◀ 图 2-8 ▶

8 改进的三路色彩校正

改进的三路色彩校正，可以在控制面板中应用分量参数设置，更好地设置黑、灰和白平衡的颜色和亮度，如图 2-9 所示。

9 EDIUS 7 的示波器

示波器是矢量图与示波器检测和校正颜色的重要工具，如图 2-10 所示。

◀ 图 2-9 ▶   ◀ 图 2-10 ▶

2.2.2 新增功能

下面介绍一下 EDIUS 7 中一些新增和改进的功能。

1 新增功能

▶ Panasonic AVC-Ultra（MXF、CMF、GXF 或者 P2）文件输出。
▶ Panasonic AVC-Ultra Class 200 MXF 文件输出。

- ▶ 在源素材浏览 –K2（FTP）中支持浏览 AVC–Ultra GXF 文件。
- ▶ SONY XAVC–S 文件浏览。
- ▶ DNxHD GXF 文件输出。
- ▶ 在源素材浏览 –K2（FTP）中支持浏览 DNxHD GXF、MXF。
- ▶ STORM 3G 和 STORM 3G ELITE 支持 486i 下场优先。
- ▶ 支持 Matrox MXO2LE 采集和回放。
- ▶ 支持 Matrox MXO2mini 采集和回放。
- ▶ After Effects Bridge 支持 Magic Bullet Looks。

② 修正功能

- ▶ 增强 VST 音频插件稳定性。
- ▶ 视频布局中 2D 旋转时出现边缘线。
- ▶ 下场优先工程刻录 DVD 时，DVD 菜单变形。
- ▶ 50i 素材放置在 59.94i 时间线上时部分离线。
- ▶ 无法载入 Quick Titler 生成的 PSD 文件。
- ▶ 文件被传输至工程文件夹后非正常改名。
- ▶ 时间线上 AC–3 音频素材出现交叉斜线。
- ▶ 更改素材速度时使其变得离线。
- ▶ 更改时间线上视频素材属性时出现交叉斜线。
- ▶ iPhone 5 拍摄的短时间 MOV 无法载入。
- ▶ 使用 2：3 下拉变换输出 23.98p 工程中，输出 MPEG–2 文件的 GOP 错误。
- ▶ 相比 EDIUS 6.5，HQX 解码性能下降。
- ▶ REF signal out 和 Use TC port 在 STORM 3G 硬件设置中变灰且无法使用。
- ▶ Windows 8 或者 Windows 8.1 上运行 EDIUS 时，2D 转场或者 GPUfx 转场设置错误。
- ▶ 逐行工程使用 After Effects 插件时 EDIUS 崩溃。
- ▶ 使用 XDCAM HD 422 作为渲染格式时，进入设置窗口不做修改，单击"确定"按钮后会变为 MPEG PS 流。
- ▶ STORM 3G ELITE 无法通过 MXF 采集带有辅助数据的 MXF 内容。
- ▶ EDIUS 输出的带隐含数据的 MXF 无法在 XDCAM 录机中正常播出。
- ▶ 平均响度计数错误。
- ▶ 无法导入 Pentax Q 数字摄像机录制的 MP4 文件。
- ▶ 使用 AVC–I GXF 制作输出预设时出错。
- ▶ 如果"最近使用文件"中列有 CMF 文件时，文件菜单打开缓慢。
- ▶ 将时间线指针移动到时间线上 MPEG–4 AAC 音频文件的中段后，回放无声音。
- ▶ 播放某些 MOV 文件时音频不流畅。
- ▶ 从信息面板复制视频滤镜时 EDIUS 崩溃。
- ▶ HDSTORM、HDSPARK/Pro、STORM MOBILE 和 STORM 3G/Elite 无法支持 Windows 8.1。

2.3 工作界面

双击桌面上的 EDIUS 7 快捷图标，或者通过"开始"|"所有程序"菜单来启动 EDIUS 软件。

提示 如果是第一次使用 EDIUS，首先会弹出一个"文件夹设置"对话框，如图 2-11 所示。单击"浏览"按钮，选择一个文件夹，以后每次使用，除非用户重新指定，EDIUS 都在指定路径下创建工程和相应文件。

◀ 图 2-11 ▶

提示 为获取更好的性能，建议所有素材数据不要放到安装系统和 EDIUS 的硬盘上。

随后会出现 EDIUS 的欢迎屏幕——"初始化工程"对话框，现在只需要新建一个工程或者打开以前的工程即可，如图 2-12 所示。

如果单击"新建工程"按钮，会弹出"工程设置"对话框，直接在预设列表中选择合适的预设即可，然后在工程名称栏中输入工程的名称，如图 2-13 所示。

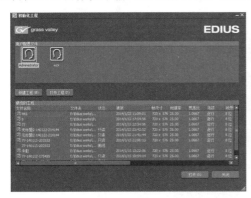
◀ 图 2-12 ▶

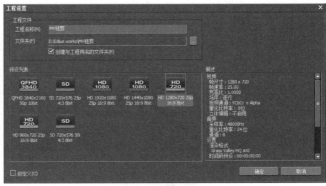
◀ 图 2-13 ▶

单击"确定"按钮进入 EDIUS 的工作界面，和所有的 Windows 标准程序一样，EDIUS 7 由菜单栏和程序主界面组成，如图 2-14 所示。

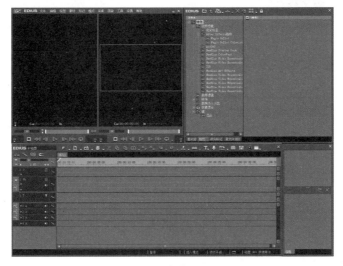
◀ 图 2-14 ▶

在默认状态下，屏幕上半部分会被两个预览窗口所占据：左侧窗口称为播放窗口（Player），它可以用来采集素材或单独显示选定的素材；右侧窗口称为节目窗口（Recorder），它负责播放时间线的内容。

 我们所有的编辑工作都是在时间线上进行的，而时间线上的内容正是最终视频输出的内容。

　　屏幕的下半部分就会被时间线区域所占据，每一行称为一个轨道，轨道是用来放置素材的。时间线上方的工具栏显示了当前工程的名称，并提供了各式各样的常用工具快捷图标，如图 2-15 所示。

◀图 2-15▶

① 时间线区域

　　轨道的左侧区域称为轨道面板，这里提供一系列对轨道的操作，如图 2-16 所示。

▶ 工程名称：当前打开的工程名称。

▶ 时间线显示比例：对于后期编辑人员来说，工作中最频繁的动作之一恐怕就是调节时间线的显示比例，EDIUS 提供了许多现成的显示比例可供使用，如图 2-17 所示。

◀图 2-16▶

◀图 2-17▶

　　除此以外，用户还可以使用快捷键"Ctrl ＋数字小键盘的＋或－"，或者"Ctrl ＋鼠标滚轮"来随意调节显示比例，拖动时间线显示比例按钮顶部的小滑块也能进行调整。

 若使用小滑块调整，时间线比例会显示为小横线"————"，如图 2-18 所示。

◀图 2-18▶

▶ 轨道名称：EDIUS 有以下 4 种类型的轨道。

● V 视频轨道：可以放置视频素材或字幕素材。

● VA 视音频轨道：可以放置视音频素材或字幕素材。

● T 字幕轨道：可以放置字幕素材或视频素材。该轨道上的素材可以应用字幕混合效果。

● A 音频轨道：可以放置音频素材。

▶ 标签栏：显示当前序列的名称，如果建立了多个序列，可以在这里找到其他序列的标签卡，单击即可切换。

▶ 视频隐藏：打开后，该轨道上的视频不可见。

▶ 视频混合：用于调整视频轨道的透明度。展开轨道名称下面的小三角，对于视频素材来说，拥有一个显示为灰色的 MIX 区域，即轨道混合区，单击并激活 MIX，这里的蓝线表示视频的透明度，如图 2-19 所示。

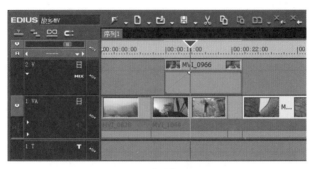

◀ 图 2-19 ▶

▶ 轨道锁定：锁定后，该轨道上的素材无法编辑，鼠标指针旁会有一个小锁标记。

▶ 轨道同步：打开同步锁定时，在插入模式下，素材的视音频保持同步，如果同步解锁，插入视频时，素材的视音频会发生偏移。

▶ 静音：打开后，该轨道上的音频静音。

▶ 音量：打开后，显示该轨道上的音频波形。轨道名称旁边还有一个小三角图标，以 VA 轨为例，单击第一个小三角，展开 VOL 和 PAN 控制线，单击小矩形图标，可激活 VOL 音量控制和 PAN 声相控制（切换），其中亮橙色线即是音量控制线，中央的深橙色线即是声相控制线，如图 2-20 所示。

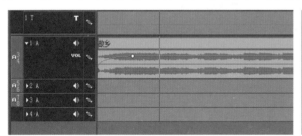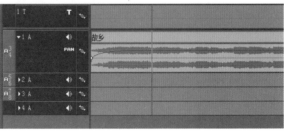

◀ 图 2-20 ▶

▶ 轨道同步解锁：在编辑点处插入素材时，同步解锁轨道上的片段不移动。

时间线面板是 EDIUS 软件进行后期编辑工作很重要的窗口，素材剪辑、特效、配音等工作都是在这里完成的。

时间线顶部的工具栏中提供了一系列常用的时间线操作工具，主要包括"新建序列"、"打开工程"、"保存工程"、"剪切"、"复制"、"粘贴到指针位置"、"替换素材"、"删除"、"波纹删除"、"撤销"、"恢复"、"添加剪切点"、"设置默认转场"、"创建字幕"、"切换同步录音显示"、"渲染"、"切换素材库显示"、"切换调音台显示"、"切换矢量图 / 示波器显示"和"切换面板显示"等工具。

在时间线窗口顶端的工具栏中，单击图标旁的小三角可以打开下拉菜单列表，以"替换"工具和"渲染"工具为例，展开相应的下拉菜单，如图 2-21 所示。

◀图 2-21▶

② 认识面板

　　EDIUS 中有 4 种不同的面板：素材库、特效面板、信息面板和标记面板。用鼠标选择需要打开的面板，或者使用快捷键 H 统一打开和关闭。

　　（1）素材库。这是一个非常重要的组织素材的面板，可以通过时间线工具栏中的素材库工具按钮⊞打开（或关闭），或者使用快捷键 B，如图 2-22 所示。

◀图 2-22▶

　　素材库就是管理素材的面板，在这里可以载入视频、音频、字幕、序列等所有编辑需要的素材，并创建不同的文件夹对其分别管理。这里就是堆放我们工作所需"原材料"的仓库。

　　（2）特效面板。EDIUS 的特效库中包含了所有的视音频滤镜和转场。有特效视图和树型结构视图两种表示方式，如图 2-23 所示。

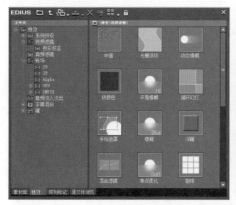

◀图 2-23▶

第 2 章 EDIUS 7 功能特性

（3）信息面板。显示当前选定素材的信息，如文件名、入出点时间码等，还可以显示应用到素材上的滤镜和转场，如图 2-24 所示。

> 提示：用户通过双击滤镜的名称，能够打开滤镜的参数设置面板。

（4）标记面板。显示用户在时间线上创建的标记信息。在 EDIUS 中，标记除了可以像普通的"标记"那样在时间线上做记号以外，还可以作为 DVD 影片的章节点，如图 2-25 所示。

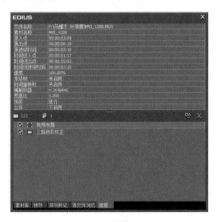
◀ 图 2-24 ▶

◀ 图 2-25 ▶

2.4 工作参数设置

对于一般使用者来说，进入 EDIUS 后可以先做几个设置，将当前的硬件能力发挥到最大。只需使用一个用户配置预设文件即可保存所有自定义项目，包括快捷键、界面风格布局、系统设置甚至自添加的按键和插件设置等。

2.4.1 系统设置

EDIUS 的系统设置主要包括应用设置、硬件设置和特效设置，它们都位于主菜单的设置命令下。选择主菜单中的"设置"|"系统设置"命令，打开"系统设置"面板。系统设置中包含大量内容，可用来调整 EDIUS 的回放、采集、工作界面、导入导出以及外挂特效等各个方面，参数众多，但大多数保持默认即可正常工作。

1 "应用"参数

单击"应用"左边的加号图标，展开该参数组的选项，下面对常用的一些参数设置进行具体的说明。

1）回放

首先在"回放"一栏中取消勾选"掉帧时停止回放"复选框，EDIUS 将在系统负担过大而无法进行实时播放时，通过丢帧来强行维持播放。将"在回放前缓冲"选项设到最大，就是说 EDIUS 会比你看到的画面帧数提前 15 帧预读处理，如图 2-26 所示。

2）用户配置文件

用于新建、修改或删除配置义件，如图 2-27 所示。

◀ 图 2-26 ▶ ◀ 图 2-27 ▶

3）工程预设

对于希望在多个不同 EDIUS 系统之间工作的人员来说非常方便，一个预设文件即可让后期编辑马上回到熟悉的环境中工作。在编辑过程中，EDIUS 可以随时在多个用户偏好设置文件之间切换，制作人员完全可以为自己预设多个对应不同任务的软件环境。

EDIUS 拥有几乎所有的广播级播出视频设置，只需设置一次，系统就会将当前设置保存为一个工程预设。每次新建工程或者调整工程设置的时候，只要选择需要的工程预设图标即可。同样，用户也可以将工程设置保存为一个工程预设文件（.epp 文件）供导入导出（右键菜单）。这里可找到高清、标清、PAL、NTSC 或 24Hz 电影帧频等几乎所有播出级视频预设，如图 2-28 所示。

单击"预设向导"按钮，弹出"创建工程预设"对话框，勾选需要的选项，然后单击"下一步"按钮，选择需要创建的预设，如图 2-29 所示。

◀ 图 2-28 ▶ ◀ 图 2-29 ▶

 提示 EDIUS 会根据系统安装的视频卡列出相应的输出硬件。如果有可支持硬件的话，不但可以增加实时性能，而且在制作时能将视频内容输出到外部监视器中同步监看。

在右侧的说明信息栏中，有对该预设参数的详细描述。

▶ 视频选项：包括成品画面尺寸的大小、帧速率、宽高比、场的顺序、量化比特率。

 建议 SD 工程使用 DV AVI，HD 工程使用 HQ AVI。

▶ 音频选项：包括采样率、量化比特率、通道映射数。

▶ "设置"选项区：包括渲染格式、过扫描大小、音频参考电位。

● 渲染格式：选择用于渲染的默认编解码器（此处指时间线的播放，而非最终输出）。

● 过扫描大小：过扫描的数值可以设置在0%～20%之间。如果不使用过扫描，则将数值设为0（例如纯粹计算机用的视频）。

● 音频参考电位：此处的值将作为"调音台"音频参考的'0'分贝位。对于中国的电视播出来说，可以将 −12dB 作为基准音。

单击"设置"按钮，打开"工程设置"面板，如图 2-30 所示。

设置完成后，单击"确定"按钮，所有的工程相关参数将保存为一个工程预设。一般情况下，后期人员根据日常工作的硬件环境只需设置一两个预设即可，以后每次单击预设图标就能直接进入编辑了。

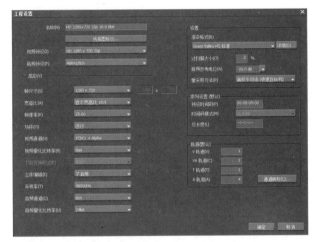

◀ 图 2-30 ▶

4）源文件浏览

单击"源文件浏览"按钮，弹出"源文件浏览"对话框，主要是设置文件传输的目标文件夹选项，如图 2-31 所示。

2 **"硬件"参数**

单击"硬件"前面的加号图标■，目前我们没有用到任何视频卡之类的硬件，所以选择 Generic OHCI – Output 设置，如图 2-32 所示。

◀ 图 2-31 ▶

◀ 图 2-32 ▶

单击对应的"设置"按钮■，弹出"回放设置"对话框，一般接受默认值即可，如图 2-33 所示。

 提示 实时播放能力归根结底与系统硬件配置密切相关。

③ "导入器 / 导出器"参数

单击"导入器 / 导出器"
前面的加号图标 ➕，将显示
文件格式和服务的设置，如
图 2-34 所示。

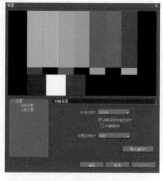

◀ 图 2-33 ▶　　　　　　　　　　　◀ 图 2-34 ▶

④ "特效"参数

特效主要用来加载 After Effects 插件、设置 GPUfx、添加 VST 插件等。

选择 After Effects 插件桥接选项，单击"添加"按钮，选择 Adobe After Effects 的插件，就可以
在 EDIUS 中使用了，如图 2-35 所示。

选择 GPUfx 设置选项，打开 GPUfx 设置面板，接受默认值即可，如图 2-36 所示。

进行"输入控制设备"设置，如图 2-37 所示。

◀ 图 2-35 ▶　　　　　　　　◀ 图 2-36 ▶　　　　　　　　◀ 图 2-37 ▶

 提示　要应用这些特效的加载，需要重新启动 EDIUS 软件。

⚙ 2.4.2　用户设置

EDIUS 的用户设置主要包括应用时间线、工程文件、预览、用户界面和源文件等设置。选择主菜单
中的"设置"｜"用户设置"命令，打开"用户设置"面板，其中参数众多，大多数保持默认即可正常工作。
下面对常用的一些参数设置进行具体的说明。

1）"应用"参数

打开"用户设置"面板时，当前是"应用"选项组中的"代理模式"设置面板，查看代理模式的参
数设置，如图 2-38 所示。

单击"工程文件"选项，打开"工程文件"设置面板，这里可以重新指定工程文件夹的位置、默认
工程文件的名称以及自动保存的设置等，如图 2-39 所示。

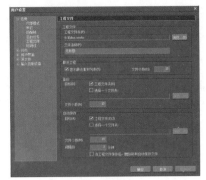

◀图 2-38 ▶　　　　　　　　　　　　　◀图 2-39 ▶

单击"时间线"选项，在其中可设置时间线操作，例如应用转场时是否延展、默认转场、工具提示、吸附选项、编辑模式、声音波形、素材时间码等选项的设置，如图 2-40 所示。

单击"其它"选项，打开相应的设置面板，包括最近使用过的文件设置、是否保存窗口位置以及默认的字幕工具等，如图 2-41 所示。

◀图 2-40 ▶　　　　　　　　　　　　　◀图 2-41 ▶

2）"预览"参数

单击"预览"选项组，主要针对全屏预览、叠加、回放以及屏幕显示等进行设置，接受默认值即可，如图 2-42 所示。

3）"用户界面"参数

单击"用户界面"选项组前面的加号图标 ▣，展开"用户界面"选项组，主要用来设置播放窗口的位置、快捷键、素材库的显示内容以及窗口颜色等，如图 2-43 所示。

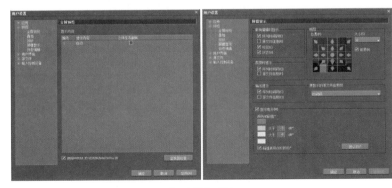

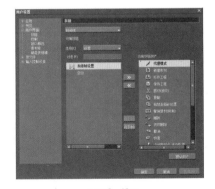

◀图 2-42 ▶　　　　　　　　　　　　　◀图 2-43 ▶

单击"控制"、"窗口颜色"、"素材库"或者"键盘快捷键"选项，可以进行相应的设置，如图 2-44 所示。

◀图 2–44▶

4）"源文件"参数

单击"源文件"选项组前面的加号图标，展开"源文件"选项组，例如单击"持续时间"选项，在打开的"持续时间"设置面板中有很多选项，可以根据自己的需要进行设置，如图 2–45 所示。

◀图 2–45▶

5）"输入控制设备"参数

"输入控制设备"选项组中包含两个外部设备的控制项，一个是 Behringer BCF 2000，一个是 MKB-88 for EDIUS，如图 2-46 所示。

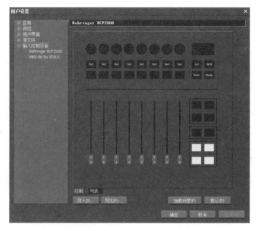

◀ 图 2-46 ▶

2.4.3 工程设置

EDIUS 的工程设置主要针对工程预设中的视频、音频和设置进行查看和更改。选择主菜单中的"设置"|"工程设置"命令，即可打开"工程设置"面板。如图 2-47 所示。

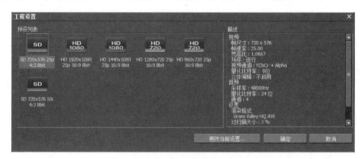

◀ 图 2-47 ▶

单击"更改当前设置"按钮，弹出"工程设置"面板，如图 2-48 所示。

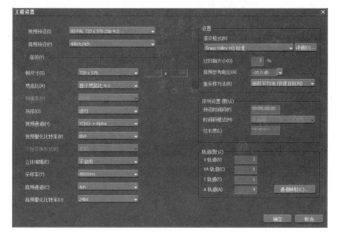

◀ 图 2-48 ▶

选择主菜单中的"设置"|"序列设置"命令，打开"序列设置"对话框，可以更改序列名称、时间码预设、序列的总长度以及音频的通道预设，如图 2-49 所示。

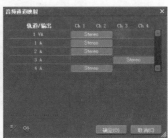

◀图 2-49▶

2.5 自定义界面

EDIUS 在默认状态下是双窗口模式，即同时显示播放窗口和节目窗口。这两个预监窗口加上时间线，基本就会占据整个屏幕的空间，比较适合一些双显示器用户使用——可以将其他面板拖放到另一显示器的显示区域中，如图 2-50 所示。

◀图 2-50▶

选择主菜单中的"视图"命令，在菜单中可以找到单窗口模式和双窗口模式。

单窗口模式则将两个预监窗口合并为一个，在窗口右上角会出现 PLR REC 的切换按键。PLR 即播放窗口，REC 即节目窗口。EDIUS 会根据用户在使用过程中的不同动作自动切换两个窗口，如双击一个素材就切换至播放窗口，播放时间线则切换至节目窗口。

由于只显示一个预览窗口，节省下的空间就可以放置其他面板了，这比较适合没有较大显示器或者使用笔记本电脑编辑的用户，如图 2-51 所示。

除此之外，还可以将几个面板吸附组合到一起以节约屏幕空间。拖动任意一个面板至另一面板底部的黑色区域，鼠标光标会发生改变，此时松开鼠标，两个面板就组合在一起了，如图 2-52 所示。

◀ 图 2-51 ▶   ◀ 图 2-52 ▶

重复以上操作就可以将几个常用面板组合成一个，使用时单击它们相应的标签卡进行切换。对于使用单显示器的用户来说，这样的界面排布显得紧凑而高效。

当然，用户也可以根据自己的喜好来任意设计自己的工作界面。EDIUS 程序的界面是由"浮动窗口"组成的，也就是说软件中的各个窗口可以根据用户的需要自由移动到任何地方。当结束工作并关闭 EDIUS 后，系统会自动将当前的用户设置，包括界面、快捷键、快捷方式、图标工具等存储为一个用户配置文件，再次打开软件后，我们立即就可以在熟悉的界面下开始工作了。

2.6　本章小结

为了能够快速学习影视后期编辑，有必要了解一些常用的专业术语，认识软件的界面，熟悉常用菜单和工具的功用，为了提高工作效率，设置适合自己和项目的工作参数。

第3章

视音频编辑技巧

　　伴随着数字技术的飞速发展，电影制作工序也迅速开辟了一个新的创作天地。电影制作流程受到了更多的关注，从剧本的创作、策划，到前期的摄影、置景、道具，到后期的合成、剪辑，无处不体现这其中密切的联系。现在的电影已经进入了一个精品时代，观众对于电影的需求也在日复一日地发生着变化。从幕前绚丽的画面辗转到了对电影幕后制作的兴趣。随着对电影制作流程喜好的人越来越多，打破陈规，丰富制作工艺，成为电影制作新的追求目标。

3.1 EDIUS 工作流程

在进行影视制作之前，应该做好剧本的策划和收集素材的准备。

剧本的策划是制作一部优秀的影视作品的首要工作。剧本的策划重点在于创作的构思，构思是一部影片的灵魂所在，用文字把它描述出来，就可形成影片的剧本。

在编写剧本时，首先要拟定一个比较详细的提纲，然后根据这个提纲进行细节描述，以作为在 EDIUS 中进行编辑时的参考指导。剧本的形式有很多种，例如绘画式、小说式等。

素材是组成影视节目的基本元素，用 EDIUS 所做的就是将其穿插组合成一个连贯的整体。通过 DV 机，可以将拍摄的视频内容通过数据线直接保存到电脑中来获取素材，而旧式摄像机拍摄出来的影片还需要进行视频采集才能存入电脑。

当然除了拍摄的视频素材之外，还可以使用很多其他软件生成的文件，例如三维软件 3ds Max 渲染输出的图像序列，在 EDIUS 中进行剪辑或合成。下面以为经贸大学校庆 60 周年制作的宣传片片头进行说明，在项目中使用 3ds Max 2013 中输出的飞龙和红绸的动画素材，然后在 EDIUS 7 中与背景素材进行合成与校色，如图 3-1 所示。

◀ 图 3-1 ▶

在 EDIUS 中经常使用的素材如下。

▶ 通过视频采集卡采集的数字视频文件。

▶ 由 EDIUS 或者其他视频编辑软件生成的视频或图像序列文件。

▶ WAV 格式和 MP3 格式的音频数据文件。

▶ 无伴音的 FLC 或 FLI 格式文件。

▶ 各种格式的静态图像，包括 BMP、JPG、PCX、TIF 等。

▶ FLM (Filmstrip) 格式的文件。

▶ 由 EDIUS 制作的字幕 (Title) 或其他素材文件。

根据脚本的内容将素材收集齐备后，将这些素材保存到指定的文件夹中，以便管理，然后便可以开始进行编辑工作了。

3.2 组织素材

3.2.1 采集视音频

数字视频素材的获取主要有两种方式。一种是把录像带上的片段采集下来，即把模拟信号转换为数字信号，然后存储到硬盘中再进行编辑。另一种就是用数码摄像机（即现在所说的 DV）直接拍摄得到数字视频。数码摄像机通过 CCD 器件，将镜头传来的光线转换成模拟信号，再经过模拟 / 数字转换器，将模拟信号转换成数字信号并传送到存储单元保存起来，因而在拍摄完成后，只要将其输入到电脑中就可以获得数字视频了。

在做好拍摄准备后，就可以进行实地拍摄与录像了。可以使用数码摄像机，根据需要调节各个选项来调整录像片段的显示质量、图像大小、分辨率，以及白平衡等参数。有一些摄像机还可以选择不同级别的分辨率，如果用单反相机的视频录制功能，也要注意分辨率的选择。为了获得较高的图像质量，应尽量选择高分辨率，例如高清指标为 1920×1080，但也要考虑到计算机的硬件配置，尽量能保证后期剪辑时的工作顺利。

拍摄完毕后，可以在数码摄像机中回放所拍摄的片断，也可以通过数码摄像机的 S 端子或 AV 输出与电视机连接，在电视机上欣赏。如果要对所拍片断进行编辑，就必须将数码录像带里所储存的视频素材传输到电脑中。

将数码摄像机的 IEEE 1394 接口与电脑连接好就可以开始传输视频文件了。目前的很多主板、笔记本电脑都支持这一技术，并集成了 IEEE 1394 接口。IEEE1 394 作为高性能的传输接口，主要用来以纯数字的方式进行视音频传输，可以使捕捉 / 回录的过程，没有任何的数据损失。

现在的数码摄像机都带有 USB 接口，也可以向电脑主机传送拍摄的影像资料，但不像 IEEE 1394 接口那样，不能传输音频，还要通过 AV 端子单独采集音频。

 使用 USB 接口采集视频素材，可以在系统自带的 Movie Maker 软件中进行采集。

EDIUS 的采集可分为一般采集和批采集。

采集指令主要包括主菜单下的采集、视频采集和音频采集。

首先，将摄像机设备（如 HDV）通过普通 OHCI IEEE1394 接口连接到计算机，若有视频采集卡的话，接口则可有多种选择，如 S–VIDEO（S 端子）、复合信号、分量信号、甚至 SDI 接口等（当然，不同卡所能提供的接口也不尽相同），如图 3-2 所示。

◀ 图 3-2 ▶

如果使用录像机，如 BETACAM、DVCAM、DVCPRO 50 等设备，也可用同样的方式，通过接口线与系统正确相连接。

设备连接正确且参数设置正确的话，在 EDIUS 的播放窗口就能看到摄像机里拍摄的内容了。一切就绪就可以开始采集了，采集按钮在录制窗口的右下方，或者按 F9 键。

 HQ AVI 是用 Canopus HQ 软件编码的一种文件格式，在保持高图像质量的情况下，还保持了优异的实时性能，因此推荐采集成 HQ AVI，可以使编辑操作更流畅。

在采集过程中，可以看到可供使用的磁盘空间等信息。单击"停止"按钮，即可中止采集。采集的素材将出现在 EDIUS 的素材库中。

通过采集命令可以轻松地把拍摄的内容"录制"成文件，但是一次"采集"到"完成"只能抓取一段需要的素材，如果我们有一大堆素材带需要采集，可以先为 EDIUS 指定一张采集列表，再让它自动完成，这就是 EDIUS 的批采集功能。

在正确连接了摄像机或录像机设备后，一边在播放窗口预览拍摄内容，一边即可通过设置入 / 出点按键，或快捷键 I/O 来选择需要采集的部分。按"加入批采集列表"按钮，或快捷键 Ctrl+B，将选择的素材区段加入批采集列表。

 注意 HQ AVI 是用 Canopus HQ 软件编码的一种文件格式，在保持高图像质量的情况下，还保持了优异的实时性能，因此推荐采集成 HQ AVI，可以使编辑操作更流畅。

完成素材内容的指定后，选择主菜单中的"采集"|"批量采集"命令，或者按快捷键 F10，打开批量采集列表，此时应该能看到所有我们已选择的素材信息，包括出入点时间码、素材长度、保存路径等，如图 3-3 所示。

确认正确无误后，单击"采集"按钮，若通过 IEEE 1394 接口连接摄像机，或者连接有 RS422 的录像机的话，EDIUS 会自动控制这些设备找到用户指定的时间码，根据列表的信息依次开始采集。

◀ 图 3-3 ▶

 注意 批采集功能仅适用于具有 1394 口或 422 控制口的录像机或摄像机。

在节目当时使用的声音文件中，除了导入有音频文件外，还可以同步录制音频。尤其是视频编辑工作基本完成，添加了背景音乐，需要对着画面添加画外音时，使用同步录音是一种方便也很高效的方式。

首先确定在时间线上添加配音的位置，设置入点，然后单击工具按钮 🎤，弹出同步录音控制面板，如图 3-4 所示。

◀ 图 3-4 ▶

设定存储文件的位置和名称，单击"开始"按钮，在节目预览窗口中可以看到 5 秒倒计时，以及黄色提醒标志，当时间指针到达入点位置时，出现黄色圆点，表示录音开始，如图 3-5 所示。

◀ 图 3-5 ▶

在录音的同时，可以检查音量的大小是否超标，如图 3-6 所示。

当录音需要结束时，单击"结束"按钮，弹出是否使用此波形文件的对话框，如果确定这次录音效果理想，单击"是"按钮，该音频文件直接添加到素材库。如果感觉这次录音不太理想，单击"否"按钮，重新回到同步录音面板，可以单击"开始"按钮再次录音。

当画外音录制完成，单击"关闭"按钮，关闭同步录音控制面板，然后将刚刚录制好的在素材库中的音频文件拖曳到音频轨道，有必要的话调整声音的大小或应用其他效果。

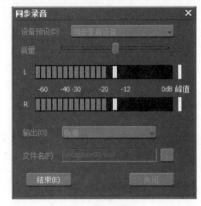

◀ 图 3-6 ▶

3.2.2 导入素材文件

1 导入视频或静态图片

可以将电脑上的视频或图片导入到 EDIUS 的素材库中，为了便于管理，可以放置在自定义的文件夹中。

在 EDIUS 的素材库窗口中，单击顶部的添加素材按钮，或者单击鼠标右键，在弹出的菜单中选择"添加文件"命令，然后在弹出的"打开"对话框中浏览并选择需要导入的文件即可，如图 3-7 所示。

◀ 图 3-7 ▶

> **提示** 按住 **Ctrl** 键可以选择多个文件，一并导入。

为了方便选择导入的文件，也可以在打开文件对话框中选择导入的对象类型，例如 *.avi，这样就只显示 avi 格式的文件。

2 导入图像序列

我们在后期编辑时经常会使用其他软件（例如 3ds Max 等）渲染生成的图像序列，在 EDIUS 中是作为一个文件导入的，使用时如同一段视频素材，如图 3-8 所示。

导入图像序列文件，只需要在打开文件对话框中选择序列中的一张图片并勾选序列素材选项，选中的图片将成为该序列的第一张图片，如图 3-9 所示。

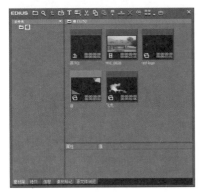

◀ 图 3-8 ▶　　　　　　　　　　　　◀ 图 3-9 ▶

③ 导入文件夹

在 EDIUS 中可以导入整个文件夹里的素材，包括其中的音频、视频和静态图像。

在素材库窗口的左边空白处单击鼠标右键，从弹出的菜单中选择"打开文件夹"命令，弹出"浏览文件夹"对话框，选择要导入的文件夹，单击"确定"按钮，被选中的文件夹就导入到素材库，并以文件夹的形式存在，如图 3-10 所示。

◀ 图 3-10 ▶

 提示　除了使用导入命令外，还可以将文件从电脑上拖曳到素材库中，如图 **3-11** 所示。

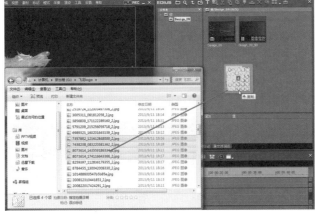

◀ 图 3-11 ▶

④ 自动导入

Watch folders 是可以被 EDIUS 监视的文件夹，一旦有新的内容添加到这些文件夹中，这些内容会自动导入到素材库中。

要指定和设置 watch folder，首先选择主菜单中的"工具"|"EDIUS Watch"命令，弹出"EDIUS 监视工具"对话框，如图 3-12 所示。

单击"配置"按钮，弹出"监视设置"对话框，可以添加作为监视的文件夹，也可以设置监视条件等，如图 3-13 所示。

单击"添加"按钮，添加一个监视文件夹，如图 3-14 所示。

◀ 图 3-12 ▶　　　　◀ 图 3-13 ▶　　　　◀ 图 3-14 ▶

Watch Tool 的原则如下。

▶ 如果添加到到监视文件夹的文件与素材库中监视文件夹中的文件同名，则不能被添加，需要修改名字。

▶ 如果监视文件夹被移动，其中的文件将被离线，需要重新连接。

▶ 只有当 EDIUS 监视工具运行的时候，文件才被监视。该工具必须手动启动或者设置为系统启动时自动运行。

监视文件夹的设置步骤如下。

1️⃣ 右键单击任务栏中的 EDIUS Watch Tool 图标，选择"配置"命令，弹出"监视设置"对话框，如图 3-15 所示。

2️⃣ 单击"添加"按钮，根据需要添加要监视的文件夹。

3️⃣ 选择一个文件夹，还可以删除或编辑该文件夹。

4️⃣ 通过指定文件延展名，还可以指定要监视的文件类型。

◀ 图 3-15 ▶

🎞 3.2.3 创建素材

除了采用导入素材的方法，EDIUS 还可以创建一些素材，例如彩条、色块以及字幕等。单击素材库顶部的创建工具，可以选择创建素材的类型，如图 3-16 所示。

◀ 图 3-16 ▶

1 彩条

视频软件创建的标准彩条有多种形式，并包含用于校正音频的基准音，如图 3–17 所示。

创建的彩条素材会自动添加到素材库中，并显示彩条的图标，如图 3–18 所示。

在素材库中双击彩条图标，可以预览画面并监听基准音，如图 3–19 所示。

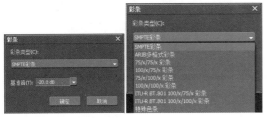
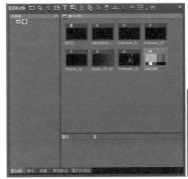

◀ 图 3–17 ▶   ◀ 图 3–18 ▶   ◀ 图 3–19 ▶

2 色块

在 EDIUS 7 中可以创建单色的色块，也可以创建多色渐变的色块，并可以指定渐变的角度，如图 3–20 所示。

首先在"颜色"后面的数值栏中改变颜色数，再单击色块就可以改变相应的颜色，如图 3–21 所示。

如果设置了多个颜色数量，可以调整渐变的方向，如图 3–22 所示。

单击"确定"按钮，创建的色块会自动添加到素材库中，如图 3–23 所示。

在素材库中双击色块图标，可以预览画面内容，如图 3–24 所示。

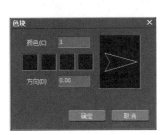
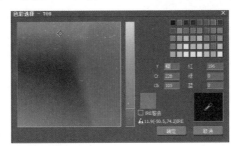

◀ 图 3–20 ▶   ◀ 图 3–21 ▶

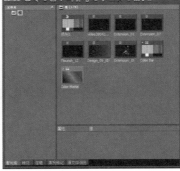

◀ 图 3–22 ▶   ◀ 图 3–23 ▶   ◀ 图 3–24 ▶

③ QuickTitler（快捷字幕）

QuickTitler 是 EDIUS 中的快捷字幕工具，用来创建字幕素材。工作界面如图 3-25 所示。

当关闭字幕编辑器后，创建好的字幕素材也会自动添加到素材库中，如图 3-26 所示。

◀ 图 3-25 ▶　　　　　　　　　　　　　　　　◀ 图 3-26 ▶

④ NewBlue Titler Pro 2.0（NewBlue 字幕插件）

这是一款 EDIUS 很常用的字幕插件，包含了众多的预设样式和质感属性，如图 3-27 所示。

在 Enter Text 栏中直接输入需要的文本，选择合适的样式，如图 3-28 所示。

因为在后面章节中将有详细的讲解，这里不再赘述。关闭字幕编辑器，保存的字幕素材自动存储在素材库中，如图 3-29 所示。

在素材库中双击字幕素材图标，可以预览画面内容，如图 3-30 所示。

◀ 图 3-27 ▶　　　　　　　　　　　　　　　　◀ 图 3-28 ▶

◀ 图 3-29 ▶　　　　　　　　　　　　　　　　◀ 图 3-30 ▶

⑤ Heroglyph Titler（字幕插件）

这也是一款 EDIUS 很常用的字幕插件，包含了众多的预设样式和动画属性，如图 3-31 所示。

单击"范本"按钮，选择合适的样本，如图 3-32 所示。

单击底部的"建立"按钮，添加需要的图形或文字元素，如图 3-33 所示。

修改预设范本中的文字，单击底部的"插入"按钮，将创建一个合适的字幕，如图 3-34 所示。

单击右上角的 X 按钮，在关闭字幕编辑器时注意保存文件，如图 3-35 所示。

单击"保存"按钮，创建的字幕会自动添加到素材库中，如图 3-36 所示。

在素材库中双击字幕图标，可以预览字幕的动画效果，如图 3-37 所示。

◀ 图 3-31 ▶

◀ 图 3-32 ▶

◀ 图 3-33 ▶

◀ 图 3-34 ▶

◀ 图 3-35 ▶

◀ 图 3-36 ▶

◀ 图 3-37 ▶

3.2.4 管理素材

素材的管理包括在素材库和时间线中对素材的组织、分类、排序和标签等。

对素材的任何操作，都要选择素材。如果要选择一个素材，在素材库或时间线中直接单击即可；如果要选择多个素材，框选或者按住 Ctrl 键连续选择多个，或者按住 Shift 键并选择第一个和最后一个素材，这两个素材之间的所有素材将被选择。

1 素材的复制、剪切、粘贴与删除

在素材库中选择了素材，可以直接进行复制、剪切、粘贴和删除素材的操作。

提示 在时间线中粘贴或删除素材有不同的方式，也会对分布在时间线上的素材产生影响。

如果是在时间线上粘贴素材，首先要确定编辑的模式是插入■■还是覆盖■■，插入模式将在粘贴位置插入素材，并将后面的素材向后移动位置，如图 **3-38** 所示。

◀ 图 3-38 ▶

覆盖模式将在粘贴位置插入素材，替换相应长度的素材，其后面的素材并不移动位置，如图 **3-39** 所示。

◀ 图 3-39 ▶

如果是在时间线上删除素材，当激活插入模式时，首先要确定编辑模式是否打开波纹。打开波纹模式■将在删除素材时，后面的素材向前移动位置，如图 **3-40** 所示。

◀ 图 3-40 ▶

不打开波纹模式![icon]，将在删除素材时留下相应长度的空隙，后面的素材不移动位置，如图3-41所示。

◀ 图 3-41 ▶

 提示

如果选择覆盖模式，打开或不打开波纹模式，删除素材都只会留下相应长度的空隙，后面的素材都不会移动位置，如图 3-42 所示。

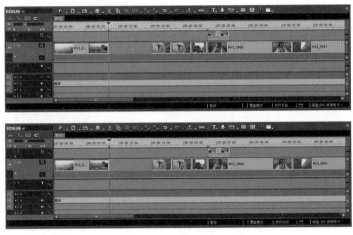

◀ 图 3-42 ▶

在时间线中对素材进行复制、剪切、粘贴或者删除，不仅可以使用菜单命令或者 Windows 系统默认的快捷键，在时间线顶部有一系列相应的工具图标，当把鼠标放置于图标上时，会弹出中文注释，如图 3-43 所示。

◀ 图 3-43 ▶

② 素材的命名、归类及排列

如果进行的项目使用的素材特别多，有两种方法可以方便后期编辑时选择合适内容的素材，一个是对素材重新命名，最好在新的名称中包含素材特点的文字；再一个就是通过文件夹进行归类。

可以在素材库中对素材进行重命名。首先在素材库中选择素材，在缩略图底部的名称上单击或者右键单击该素材，从弹出的菜单中选择"重命名"命令，直接在名称栏中修改新的名称即可，如图3-44所示。

在素材库中右键单击该素材，从弹出的菜单中选择"属性"命令，在弹出的"素材属性"对话框中，单击"文件信息"选项卡，然后在"名称"框中修改名称，单击"确定"按钮关闭对话框，在素材库中该素材就体现了新改的名称，如图3-45所示。

◀ 图 3-44 ▶　　　　　　　　　　　　　　　　　◀ 图 3-45 ▶

　　一旦在素材库中重命名了素材，在时间线上使用的该素材的所有片段都会应用相同的名称，如图 3-46 所示。

　　也可以对应用在时间线上的素材进行命名。只需在时间线上右键单击一个素材，从弹出的菜单中选择"素材属性"命令，在弹出的"素材属性"对话框中，单击"文件信息"选项卡，在其中修改素材文件的名称即可，如图 3-47 所示。

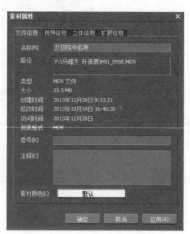

◀ 图 3-46 ▶　　　　　　　　　　　　　　　◀ 图 3-47 ▶

　　在时间线修改了名称的素材，并不影响在素材库中对应的文件名称，如图 3-48 所示。

◀ 图 3-48 ▶

　　除了命名素材文件便于选择，也可以按照拍摄的地点、人物、景别或者素材格式等创建不同的文件夹，并进行命名，然后将相应的素材放置其中，这样可以大大提高挑选素材的效率。

　　在素材库左侧的空白处单击鼠标右键，从弹出的菜单中选择"新建文件夹"命令，就可以创建新的文件夹，如图 3-49 所示。

 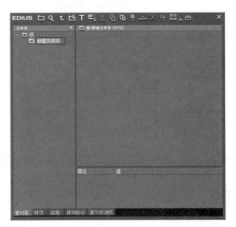

◀ 图 3-49 ▶

根据需要重命名文件夹，然后将相应的素材拖曳其中，如图 3-50 所示。

为了方便查找素材，在素材库中对素材进行排列。在素材库窗口中的空白处单击鼠标右键，从弹出的菜单中选择排序命令，选择排序方式，如图 3-51 所示。

◀ 图 3-50 ▶   ◀ 图 3-51 ▶

③ 设置素材的标签颜色

素材可以通过标记不同的颜色进行分组。在素材库中右键单击素材图标，从弹出的菜单中选择"素材颜色"命令，选择合适的颜色即可，如图 3-52 所示。

◀ 图 3-52 ▶

当一个素材标记了颜色之后，放置到时间线中时也会呈现相应的颜色，如图 3-53 所示。

也可以通过设置素材的属性来设置该素材的标签颜色，如图 3-54 所示。

◀ 图 3-53 ▶　　　　　　　　◀ 图 3-54 ▶

4 快速查找素材

在 EDIUS 素材库中可以快速查找素材，根据素材的名称、卷号、时码、文件类型、标签颜色以及文件时间等。

单击素材库顶部的搜索工具 🔍，弹出"素材库搜索"对话框，如图 3-55 所示。

◀ 图 3-55 ▶

单击"类别"对应的下拉选项，设置参数，然后单击"添加"按钮，将搜索条件添加到列表中，如图 3-56 所示。

◀ 图 3-56 ▶

当添加了搜索条件时，在素材库中自动创建了一个"搜索结果"的文件夹，其中包含了符合条件的素材图标，如图 3-57 所示。

◀ 图 3-57 ▶

3.3 编辑入门

当素材已经导入素材库中，接下来的工作就是对素材进行片段的选择、添加到时间线、调整位置和顺序、复制素材、替换素材等，通过这种看起来烦琐又很细致的工作，最终形成节目成品，这些工作就是我们所说的编辑，在这节中，主要讲解一些基本的编辑流程和方法，但却是通入专业剪辑工作的起步和必备。

3.3.1 基本编辑工具

当素材已经导入素材库中，需要选择素材的某个片段时，首先双击该素材，在素材窗口中打开，播放或者拖曳时间线查看素材内容，选择合适的点，设置入点和出点，然后再拖曳到时间线上，入点和出点之间的一段才是我们要使用的素材。

例如我们要从鸟的素材中找到一段要使用的镜头，双击该素材，在预览窗口中查看内容，播放浏览素材，看到合适的画面后，滚动鼠标滚轮找到这个镜头的开始画面，单击 按钮设置入点，在窗口中会显示该画面的时间码，如图 3-58 所示。

接着播放素材查找结束的画面，单击 ▷ 按钮设置出点，如图 3-59 所示。

◀ 图 3-58 ▶

◀ 图 3-59 ▶

将这段素材拖曳到时间线上，成为节目的一部分，如图 3-60 所示。

◀ 图 3-60 ▶

 提示 将素材添加到时间线上时，要注意编辑模式，默认状态下为插入模式，当有新素材插入到时间线上后，该位置后面的素材会向后移动位置，不会替换原来素材的内容。

　　如果这个素材中还有需要的片段，继续在素材预览窗口中播放查看需要的画面，同样设置入点和出点，然后添加到时间线上，比如又选择了一段鸟近景的素材，如图 3-61 所示。

◀ 图 3-61 ▶

　　将素材添加到时间线上，除了从预览窗口中拖曳素材到时间线上，也可以单击插入按钮 ⚊⚊或覆盖按钮 ⚊⚊，直接将素材插入或覆盖到当前时间线的位置，如图 3-62 所示。

插入素材

覆盖素材

◀ 图 3-62 ▶

　　通过设置素材的入点和出点，将素材插入或覆盖到时间线上，成为节目的一个片段。在后面的编辑工作中，可以对时间线上的片段进行移动位置、复制、粘贴、删除、替换等操作。

在时间线上移动素材位置，改变素材的排列顺序，只需按住该素材，直接拖曳到新的位置即可，如图 3-63 所示。

◀ 图 3-63 ▶

 提示 在时间线上移动素材位置时，如果需要从一个轨道移动到其他轨道上，就要注意到编辑模式，这与添加素材到时间线一样，有可能影响到时间线上其他素材的位置。

在时间线上经常会复制和粘贴素材，只是在粘贴时要选择轨道并确定当前时间指针的位置，如图 3-64 所示。

◀ 图 3-64 ▶

 提示 在时间线上粘贴素材与添加素材一样，要十分注意当前的编辑模式，否则会影响到其后面的素材位置。

在编辑过程中，经常会把不合适的素材删除，或者替换成其他的素材，为了不影响整个时间线上素材的位置，删除素材时要注意波纹模式不要打开，或者应用覆盖模式，如图 3-65 所示。

准备删除片段"沙雕"

插入模式并不打开波纹模式下删除该片段

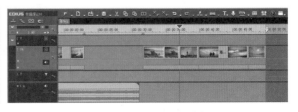

覆盖模式下删除该片段

◀ 图 3-65 ▶

提示

如果在插入模式下打开了波纹模式，删除某素材时，后面的素材会向前移动来填补空隙，如图 3-66 所示。

◀图 3-66 ▶

在时间线上删除一段素材后，可以选择其他的素材重新设置入点和出点，添加到时间线来填补空隙，替换新的素材；也可以不删除原来的素材，在覆盖编辑模式下，直接将新的素材添加到时间线上，覆盖以前的素材；还有一种方式，就是在素材窗口中选择新的素材并设置入点，在时间线上选择要替换的素材，然后单击替换按钮 完成替换，新素材的入点与原来素材的入点对齐，长度一致，如图 3-67 所示。

◀图 3-67 ▶

3.3.2 编辑模式

在 EDIUS 中的编辑工作主要是在时间线中完成的。首先添加素材到时间线，然后添加效果、转场、字幕，并在编辑完成后预览。

在时间线上对素材的编辑主要包括放置素材、移动、复制、调整、剪切以及标记等，按照一定的顺序将素材排列好，不仅在时间顺序上，还有图层的叠加顺序，然后对这些素材添加特效，例如变速、调色、抠像、动画、字幕等，形成最终的影片。

在时间线上要执行这么重要且复杂的工作，首先就要对时间线进行模式的设置，这直接关系到对素材进行操作的方式和结果。这些模式不是单独作用，而是相互关联的。例如，选择插入模式，可以打开波纹模式，也可以关闭波纹模式，将素材添加到时间线上时，对时间线的影响是有很大区别的。

1 插入模式

当激活插入模式 ，添加一个新的素材到时间线上，在插入点之后的素材将会向后移动相应的长度，如图 3-68 所示。

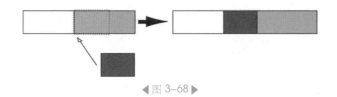

 提示 在默认状态下，插入模式和波纹模式处于激活状态，可以通过用户设置进行修改，如图 3-69 所示。

② 覆盖模式

如果激活覆盖模式 ，添加一个新的素材将在插入点覆盖已有的素材，并不影响后面素材的位置，整个节目的长度不会改变，如图 3-70 所示。

◀ 图 3-69 ▶

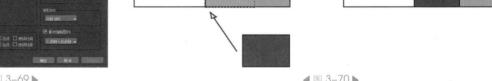

◀ 图 3-70 ▶

 提示 默认状态下，覆盖模式不激活，两种编辑模式可以通过单击"插入 / 覆盖"按钮自由切换，也可以按 Insert 键。如果激活了覆盖模式，波纹模式将不起作用。

③ 波纹模式

当波纹模式被激活时，在时间线上删除或剪切一段素材时，后面的素材将向前移动填充这个空隙。添加素材时，后面的素材将向后移动位置，如图 3-71 所示。

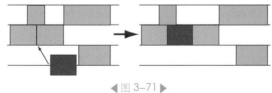

◀ 图 3-71 ▶

默认状态下，波纹模式处于激活状态。

 提示 当激活波纹模式时，所有轨道上的素材都会受到轨道同步模式设置的影响，如图 3-72 所示。

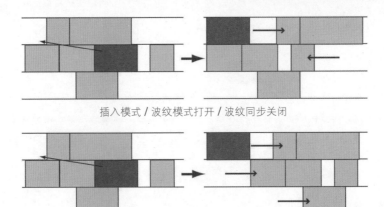

插入模式 / 波纹模式打开 / 波纹同步关闭

插入模式 / 波纹模式打开 / 波纹同步打开

◀ 图 3-72 ▶

当不激活波纹模式时，在时间线上删除或剪切一段素材时，后面的素材不会向前移动填充这个空隙。添加素材时，后面的素材不会移动，除非长度比空隙大，如图 3-73 所示。

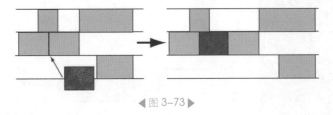

◀ 图 3-73 ▶

4 轨道同步锁定 ⇆

轨道同步锁定可以设置为单个轨道，也可以设置为所有轨道。当激活轨道同步时，在插入模式下编辑一个轨道（例如插入、删除或移动素材等）会影响其他所有激活轨道同步的轨道，所有轨道保持同步，也就是说素材之间的相对位置不变，如图 3-74 所示。

◀ 图 3-74 ▶

提示　默认状态下，所有轨道同步激活，单击 ⇆ 图标就可关闭同步，再单击 ■ 图标即可激活同步。

⑤ 延展模式与适配模式

延展模式与适配模式是当素材应用转场时如何延伸素材的方式，在时间线设置对话框中进行设置。选择主菜单中的"设置"|"用户设置"命令，打开"用户设置"对话框，单击"时间线"选项，可以根据需要设置延展素材项，如图 3-75 所示。

当勾选该选项时，等于激活了延展模式，如果不勾选，等于激活了适配模式。

当激活延展模式时，添加或删除两个素材之间的转场或音频的淡化特效时，素材交叠的长度不变，序列长度也不变，如图 3-76 所示。

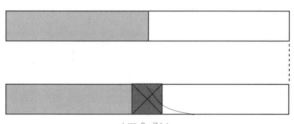

◀ 图 3-75 ▶　　　　　　　　　　　　　◀ 图 3-76 ▶

当添加一个转场或音频淡化时，素材的入点出点延展相应的长度，使相邻的两段素材总长度不变，如图 3-77 所示。

◀ 图 3-77 ▶

 提示　如果一段素材没有足够的料头或料尾，转场就不能被添加，转场的长度只能在素材的料头或料尾长度之内。

当一个转场或音频淡化效果被删除时，相邻素材的入点和出点并不改变，整个长度也不改变。当其中一个素材被删除，转场也会被删除，保留的素材长度会延展到转场中点的位置。

在适配模式下，添加转场或音频淡化会缩短时间线上序列的长度，如果删除转场或音频淡化，将会延长序列的长度，如图 3-78 所示。

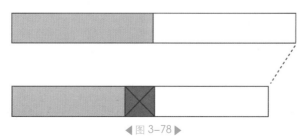

◀ 图 3-78 ▶

当添加一个转场或音频淡化时，前后素材会根据转场的长度进行交叠，导致序列的长度变短，如图 3-79 所示。

◀ 图 3-79 ▶

如果延长转场的长度，素材向左移动，而序列会根据转场长度相应变短，如图 3-80 所示。

如果删除转场或音频淡化，序列的整体长度会根据转场的长度相应变长，如图 3-81 所示。

◀ 图 3-80 ▶　　　　　　　　　　◀ 图 3-81 ▶

 注意　当添加、调整或删除转场时，时间线上序列交叠长度变化也会受到编辑模式的影响。

3.3.3　标记点

标记点分序列标记点和素材标记点，有以下几个作用。

▶ 当使用刻录光盘命令输出项目时标注章节。

▶ 在时间线上可以快速跳到指定的素材。

▶ 标注特殊的点方便在时间线或素材的操作。

在标记点面板中，可以切换显示序列标记点或素材标记点，如图 3-82 所示。

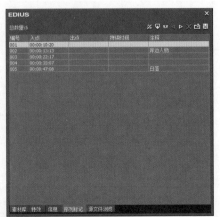

◀ 图 3-82 ▶

序列标记点显示在序列时间线上，不与某一素材对应，如果素材在时间线上移动了位置，序列标记点不会随素材而改变，它只相对于时间线的位置。

素材标记点只针对某一特定的素材，当素材放置于时间线上时，素材标记点只在素材内部保持原来的位置，不与序列和时间线的时码对应。

设置标记点可以通过选择主菜单的"标记"命令，也可以通过标记面板上的标记点工具，如图 3-83 所示。

序列标记面板   素材标记面板

◀ 图 3-83 ▶

在时间线面板中拖曳当前时间指针到需要标记的位置，单击添加标记点工具🔽或者按 V 键，就会在时间线上添加一个序列标记点，如图 3-84 所示。

在素材库中双击某素材，在素材预览窗口中显示，当时间指针到需要标记的位置后，单击添加标记点工具🔽或按 V 键，添加一个素材标记点，如图 3-85 所示。

◀ 图 3-84 ▶   ◀ 图 3-85 ▶

添加了标记点之后，可以移动标记点，只需在时间线上或预览窗口时间条上直接拖曳标记点到新的位置即可。也可以在标记点面板中双击该标记点，然后拖曳鼠标直接改变其对应的时码，如图 3-86 所示。

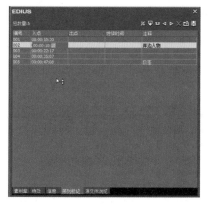

◀ 图 3-86 ▶

标记点并非一个时间点，可以设置标记点的持续时间，如图 3-87 所示。

添加标记点可方便查询素材或序列中重要的位置，当添加了多个标记点时，为方便查询内容，可对标记点进行注释，用简洁的词语注明该标记点所指示的内容或特性。

在时间线上右键单击需要注释的序列标记点，从弹出的菜单中选择"编辑标记注释"命令，在弹出的"标记注释"对话框中，输入简短的文字说明，如图 3-88 所示。

对素材标记点也一样可以添加注释。在素材预览窗口中，右键单击一个标记点，从弹出的菜单中选择"编辑素材标记"命令，在弹出的"标记注释"对话框中，输入简短的文字说明，如图 3-89 所示。

◀ 图 3-87 ▶   ◀ 图 3-88 ▶   ◀ 图 3-89 ▶

 提示　在标记面板中可以更方便地添加注释，直接在注释栏中输入文字即可，如图 3-90 所示。

一旦添加了素材或序列标记点，当鼠标移动到该标记点上时，就会显示注释内容，这样就可以方便快捷地了解素材或序列的重点指示位置了，如图 3-91 所示。

◀ 图 3-90 ▶   ◀ 图 3-91 ▶

3.3.4　音频编辑

对于 EDIUS 的使用者来讲，处理视频素材和音频素材的流程基本是一样的。

使用时间线工具栏的素材库工具█或者使用快捷键 B，打开素材库窗口，像先前添加视频文件那样，双击素材库的空白处，在弹出的"打开"文件对话框中选择需要导入的音频文件即可，如图 3-92 所示。

◀ 图 3-92 ▶

EDIUS 支持 WAV、MP3、AIFF 甚至多声道 AC3 格式等多种音频文件。

使用快捷键 Shift + Enter 可以添加音频文件到时间线上，或者直接用鼠标将音频文件拖曳至时间线的轨道 1A 上。

单击音频轨道 1A 字样左侧的小三角图标展开轨道，等待片刻（EDIUS 在创建音频波形缓存），我们就可以看到音频的波形了，如图 3-93 所示。

◀ 图 3-93 ▶

查看音频的波形图对于匹配视频剪辑点与音频节奏的项目来说是非常方便的。

如果需要对音频进行裁剪，在 EDIUS 中音频的剪切操作与视频素材是一致的，将时间线指针移动到音频波形的相应位置，单击添加剪切点工具，或者按 C 键，将音频分成来两个片段，如图 3-94 所示。

◀ 图 3-94 ▶

在时间线窗口中，右键单击前面的音频片段，从弹出的菜单中选择波纹删除命令，或者按 Delete 键，删除多余的片段。

也可以直接在时间线上修剪片段的首端或尾端，获得需要的长度，如图 3-95 所示。

◀ 图 3-95 ▶

播放节目预览，查看视频的同时可以通过音量表来检查声音的大小。我们制作的时候最好能保证音量显示的电位计大多数时间保持在绿色状态（峰值时的黄色显示可以接受），如图 3-96 所示。

◀ 图 3-96 ▶

单击 1A 轨道面板上的矩形小图标，激活 VOL 控制，素材音频上出现的橙色线就是音量线。拖曳时间线指针到音频结尾音量降低的位置，在音量线上单击添加关键帧，如图 3-97 所示。

◀ 图 3-97 ▶

向下拖曳音频末端的关键点，创建该音频的淡出效果，如图 3-98 所示。

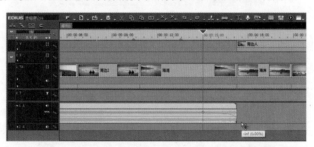

◀ 图 3-98 ▶

对音频的处理不仅限于剪辑，还可以根据需要添加音频转场或必要的效果，例如变调、均衡器等。

3.4　高级编辑

在时间线上设置入点和出点可以确定在节目中添加素材的位置和长度，按照脚本的计划铺设素材，如果在粗剪后还想对个别片段进行入点或出点的调整，可以使用高级编辑技巧，例如滑动、滑移、滚动等，在尽量不打乱节目排布的情况进行精细的调整。

3.4.1　三 / 四点编辑

当需要将素材添加到时间线上时，首先要设置素材的入点和出点，以确定要使用的片段，接下来还需要确定在节目中添加素材的位置，新添加片段的位置就是由节目时间线上设置的入点或出点来确定的，但由于指定要添加的素材片段的长度不一定和时间线上指定的入点与出点之间的长度完全一致，就需要设定调整长度的方式，这就是在影视编辑中典型的三 / 四点编辑。

❶ 三点编辑

三点编辑就是将指定入点和出点的素材片段添加到时间线上指定的入点位置，素材片段保持入点和出点之间的长度。

首先在时间线面板中拖曳时间线指针到 00:00:21:07 位置，单击 █ 按钮设置时间线的入点，如图 3-99 所示。

在素材库中双击女孩抚摸土墙的素材"MVI_0926"，在素材预览窗口中将其打开，查找需要添加到时间线上的内容。首先在 00:00:02:23 处单击 █ 按钮设置片段的入点，拖曳时间线指针到 00:00:09:08 位置，单击 █ 按钮设置片段的出点，如图 3-100 所示。

◀ 图 3-99 ▶   ◀ 图 3-100 ▶

单击素材预览窗口右下角的插入按钮 ，将素材片段添加到时间线上入点的位置，如图 3-101 所示。

◀ 图 3-101 ▶

> **提示** 因为选择是插入模式，所以当有新的素材片段添加到时间线时，后面的片段会自动向后移动位置。

如果单击素材预览窗口右下角的覆盖按钮 ▬，新添加的片段将覆盖时间线上指定入点位置后面的内容，长度则由素材片段的入点和出点确定，如图 3-102 所示。

◀ 图 3-102 ▶

2 四点编辑

四点编辑是将指定入点和出点的素材片段添加到时间线上指定的入点和出点之间，如果长度不一致的话，需要选择匹配长度的方式。

在素材库中双击另一段素材"MVI_1208"，在素材预览窗口中打开，查找需要添加到时间线上的内容。首先在 00:00:02:13 处单击 █ 按钮设置片段的入点，拖曳时间线指针到 00:00:06:08 位置，单击 █ 按钮设置片段的出点，如图 3-103 所示。

在节目预览窗口中拖曳时间线指针到 00:00:49:07 位置，单击 █ 按钮设置时间线的入点，拖曳时间线指针到 00:00:52:17 位置，单击 █ 按钮设置时间线的出点，如图 3-104 所示。

同时在时间线窗口中也会显示设置好的入点、出点以及长度，如图 3-105 所示。

◀ 图 3-103 ▶   ◀ 图 3-104 ▶   ◀ 图 3-105 ▶

单击预览窗口右上角的 PLR 按钮切换到素材预览窗口，单击插入按钮，将素材片段添加到时间线上入点和出点之间，如图 3-106 所示。

在时间线窗口中，右键单击新添加的片段，从弹出的菜单中选择"时间效果"|"速度"命令，在弹出的"素材速度"对话框中，可以看到速度比率不是 100%，就说明这一段素材是改变了速度来匹配长度的，如图 3-107 所示。

◀ 图 3-106 ▶   ◀ 图 3-107 ▶

 提示 　如果选择了覆盖模式，新添加的片段将覆盖时间线上指定长度的内容，并不改变整个节目的长度。

如果对素材片段或时间线设置的入点或出点不满意，可以拖曳时间线指针到新的位置，再次单击按钮或就可以重新设置入点或出点，如图 3-108 所示。

还可以在入点或出点的时间码上拖曳光标，直接修改入点或出点的数值，如图 3-109 所示。

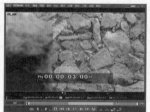

◀ 图 3-108 ▶   ◀ 图 3-109 ▶

当素材片段添加到时间线上以后，如果对个别片段的入点、出点或速度不满意，可以在时间线上进行细致调整，由于要求的结果不同，操作的方式也不同，这就是后面要讲解的剪辑模式。

3.4.2　剪辑模式

剪辑主要是指改变时间线上素材片段的长度或位置，去除不需要的部分，改善与前后片段画面的组接。

剪辑操作可以在常规模式或剪辑模式下。从主菜单的"模式"下可以进行模式的选择，默认状态下是常规模式。如果选择了剪辑模式，工作界面尤其是预览窗口就会发生变化，如图 3-110 所示。

◀ 图 3-110 ▶

在剪辑模式下，预览窗口的下端显示了片段的入点、出点以及裁剪的长度等，如图 3-111 所示。

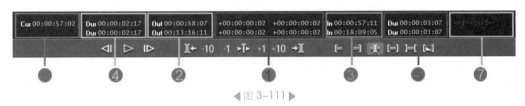

◀ 图 3-111 ▶

①编辑点移动的帧时码。

②编辑点在时间线上的时码（片段出点一侧）。

③编辑点在时间线上的时码（片段入点一侧）。

④裁剪片段的长度（片段出点一侧）。

⑤裁剪片段的长度（片段入点一侧）。

⑥当前时间线的时码。

⑦转场或音频过渡被裁减的长度。

在剪辑预览窗口中，这些数值是可以调整的，用鼠标单击数值然后上下拖曳就可以调整数值，如图 3-112 所示。

◀ 图 3-112 ▶

 提示　如果光标对齐的数字是帧，则调整的幅度就是帧；如果光标对齐的数字是秒，则调整的幅度就是秒。

在预览窗口的底部提供了 6 种剪辑工具。

▶ 裁剪（入点），调整时间线上该片段的素材入点位置。

▶ 裁剪（出点），调整时间线上该片段的素材出点位置。

▶ 裁剪 - 滚动，改变时间线上相邻两个片段的入点和出点位置，不影响其他片段在时间线上的长度和位置。

▶ 裁剪 - 滑动，改变时间线上片段的素材入点和出点，该片段的内容发生改变，长度和位置不变，也不影响其他片段在时间线上的长度和位置。

▶ 裁剪 - 滑过，改变片段在时间线上的位置，不改变其长度，但会影响前面片段的出点和后面片段的入点，使它们的长度发生改变。

▶ 剪辑模式（转场），调整时间线上片段之间转场的长度，不影响其他片段的长度和位置。

下面对每种剪辑工具进行对比，以更直观地了解这些工具。

（1）在时间线上选择一个片段，在剪辑预览窗口中单击裁剪（入点）模式 ，在时间线中选择的片段上按在鼠标左右移动，改变该片段的入点，如图 3-113 所示。

◀ 图 3-113 ▶

 提示　当选择了裁剪模式，鼠标按在片段的前端则调整该片段的入点，鼠标按在片段的后端则调整该片段后面的片段入点，如图 3-114 所示。

◀ 图 3-114 ▶

进行裁剪时，一定要注意激活的模式是插入模式 还是覆盖模式 ，因为在裁剪某个片段时，会改变时间线上原有片段的长度或位置，如图 3-115 所示。

◀ 图 3-115 ▶

如果激活插入模式和波纹模式，缩短或延展某个片段，后面的片段都会移动；如果激活插入模式而关闭波纹模式，延展某个片段时，后面的片段会向后移动；缩短该片段时，后面的片段则保持原位，如图 3-116 所示。

激活插入模式和波纹模式，延展片段

激活插入模式和波纹模式，缩短片段

激活插入模式和非波纹模式，延展片段

激活插入模式和非波纹模式，缩短片段

◀图 3-116▶

（2）在时间线上选择一个片段，在剪辑预览窗口中单击裁剪（出点）模式 ，在时间线中选择的片段上按住鼠标左右移动，改变该片段的出点，如图 3-117 所示。

◀图 3-117▶

（3） 裁剪－滚动，改变相邻两个片段在时间线上的入点和出点的位置，不影响其他片段在时间线上的长度和位置，如图 3-118 所示。

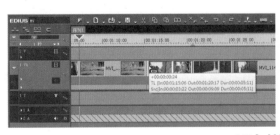

◀图 3-118▶

（4） 裁剪－滑动，改变片段的素材入点和出点，该片段的内容发生改变，长度和位置不变，也不影响其他片段在时间线上的长度和位置，如图 3–119 所示。

◀ 图 3–119 ▶

（5） ▮▮ 裁剪－滑过，改变片段在时间线上的位置，不改变其长度，但会影响前面片段的出点和后面片段的入点，使它们的长度发生改变，如图 3–120 所示。

◀ 图 3–120 ▶

（6） ▮ 剪辑模式（转场），调整时间线上片段之间转场的长度，不影响其他片段的长度和位置，如图 3–121 所示。

◀ 图 3–121 ▶

单击转场的首端或末端，也可以单边调整转场的长度，如图 3–122 所示。

◀ 图 3–122 ▶

在常规模式下，通过快捷键组合同样可以进行多样式的裁剪，在时间线中用鼠标单击片段的位置不同，则有不同的裁剪方式。

1）裁剪片段的首端或末端

在时间线上移动鼠标，在片段的首端或末端附近时，当光标变成▮◀或▶▮时单击鼠标，此时光标变成▮▯，按住鼠标按键左右拖拉就可以调整片段的首端或末端，如图 3-123 所示。

◀ 图 3-123 ▶

在插入模式下，如果激活非波纹模式，在片段的首端或末端附近时，当光标变成▮◀或▶▮时单击鼠标，此时光标变成▮▯，按住鼠标按键左右拖拉就可以调整片段的首端或末端，如图 3-124 所示。

◀ 图 3-124 ▶

如果激活覆盖模式，在时间线上缩短片段，不会影响到相邻的片段，而延展该片段将影响前一片段的出点和长度，如图 3-125 所示。

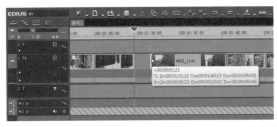 

◀ 图 3-125 ▶

2）滚动剪辑

将鼠标移动到两个片段的相邻处，光标变成▮▮时单击，就会变成滚动剪辑模式▮▯，按住鼠标按键并左右拖曳则进行滚动剪辑，相邻片段的出点和入点发生改变，如图 3-126 所示。

◀ 图 3-126 ▶

3）移动片段

当光标不在片段的首端或末端时，光标呈现▯，单击该片段并左右拖曳鼠标按键则移动该片段，如

图 3-127 所示。

◀图 3-127▶

4）滑动剪辑

按住 Ctrl+Alt 键，光标变成█，单击片段并按住鼠标，光标变成█，左右拖曳则进行滑动剪辑，改变该片段的素材入点和出点，并不改变该片段以及相邻片段的位置和长度，如图 3-128 所示。

◀图 3-128▶

5）滑过剪辑

按住 Ctrl+Shift 键，光标变成█，单击片段并按住鼠标，光标变成█，然后左右拖曳则进行滑过剪辑，改变该片段在时间线上的位置，同时改变相邻片段的长度，如图 3-129 所示。

◀图 3-129▶

6）转场剪辑模式

当光标放在一个转场上时，光标会显示为一个 T，单击转场的首端或末端，可以调整转场的长度，如图 3-130 所示。

◀图 3-130▶

诸多的高级编辑技巧都是为了提高后期工作的效率，在本章的后面还将通过一个剪辑实例帮助读者更深入具体地理解这些技巧。

3.4.3 多机位模式

我们在某些大型活动时经常使用多个机位多角度的拍摄，也有些 MV 在拍摄时使用了三个机位，这样可以节省时间，减少演员的重复表演。既然素材是多机位所获，往往在剪辑时也需要多角度切换。当然，即便不是多机位拍摄的同一场景素材，也可以在 EDIUS 中作为一种剪辑手法来进行后期的处理。

> **提示** EDIUS 提供了多机位模式来支持最多达 16 台摄像机素材同时剪辑。

选择主菜单中的"模式"|"多机位模式"命令，或按快捷键 F8，进入多机位模式，此时播放窗口划分出多个小窗口，默认状态下，支持 3 台摄像机素材。其中三个小窗口即是三个机位，打开"主机位"窗口即最后选择的机位，如图 3-131 所示。

如果需要增加机位，可以选择主菜单中的"模式"|"机位数量"命令，从列表中选取需要的数量，如图 3-132 所示。

◀ 图 3-131 ▶

◀ 图 3-132 ▶

对于多机位剪辑，非常重要的是准确的时间对位，即 EDIUS 中所说的"同步点"。选择主菜单中的"模式"|"同步点"命令，除了不同步以外，EDIUS 提供了四种同步方式：时间码、录制时间、素材入点和素材出点，如图 3-133 所示。

◀ 图 3-133 ▶

需要编辑几个机位的素材，也就需要几个视频轨道，如果不足，可以添加轨道，然后将素材拖曳到视频轨道上，轨道序号代表了机位的序号，如图 3-134 所示。

单击播放按钮▶，查看节目预览窗口，中间的大窗口显示当前机位的素材，也就是时间线中正常颜色显示的视频轨道，3 个小窗口的素材同时也在播放，如图 3-135 所示的视频轨道 2，即机位 2。

◀ 图 3-134 ▶

◀ 图 3-135 ▶

设置了机位数量，在轨道上铺设了视频素材，接下来的工作就是在播放节目的同时根据需要切换机位，直接在预览窗口中双击选择需要的镜头，注意鼠标光标的变化，如图 3-136 所示。

◀ 图 3-136 ▶

 切换机位也可以使用数字小键盘切换镜头，它们与各个机位是一一对应的。

在选择镜头的同时，EDIUS 在时间线上自动创建剪辑点标记，一旦按空格键停止播放，各个素材就在这些剪辑点处被裁剪开了，也就是说初剪完成了。当然，移动剪辑点还可以修改各素材的出入点，如图 3-137 所示。

◀ 图 3-137 ▶

为了使工程文件简洁，使用方便，建议将剪辑完的多轨道素材"合"为一条轨道。选择主菜单中的"模式"|"压缩至单个轨道"命令，在弹出的对话框中选择一个当前未使用的轨道，或者新建一条新的轨道，如图 3-138 所示。

◀ 图 3-138 ▶

在"压缩选定的素材"对话框中，选择"新建轨道"，单击"确定"按钮，不需要任何渲染，所有剪完的素材就已经"合并"到一条新的轨道上了，如图 3-139 所示。

◀ 图 3-139 ▶

剪辑完毕后，选择主菜单中的"模式" | "常规模式"命令，或按快捷键 F5，返回常规模式。

 注意

在不删除原多机位素材轨道的前提下，返回多机位编辑模式后剪辑点仍然保留，可以对多轨道的素材再次进行修改，但是这种修改并不会反映到合并轨道上，必须再次执行"压缩至单个轨道"命令重新将素材合并一次。

3.4.4 代理模式

通常情况下，我们使用的素材分辨率很高，尤其是在影视剧、影视广告、MV 以及宣传片的制作中，这样的素材数据量都很大，在编辑过程中也会出现预览和剪辑不流畅的情况，EDIUS 中的代理模式有助于解决这个难题，可大大提高工作效率。

代理素材是在编辑过程中应用高清素材的低分辨率代理，在时间线上进行快速编辑，当完成编辑工作后，以原高清素材输出成品，这样不仅提高了编辑效率，也能保证成品的高清质量。

当激活代理模式时，如果存在代理素材，则直接应用；如果没有代理素材，系统自动生成，在素材库中可以看到生成代理的进度，如图 3-140 所示。

◀ 图 3-140 ▶

生成的代理文件存储在源素材所在的文件夹中，名称相同，扩展名为 proxy，如图 3-141 所示。

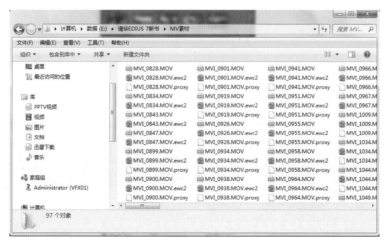

◀ 图 3-141 ▶

打开代理模式的方法很简单，只需选择主菜单中的"模式"|"代理模式"命令，或者单击时间线工具栏上的代理按钮█。

> **提示**　默认状态下，代理模式按钮█不出现在时间线工具栏中，不过可以在用户设置的按钮设置中进行添加，如图 3-142 所示。

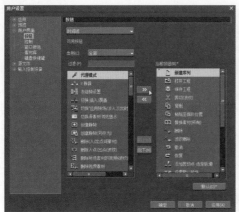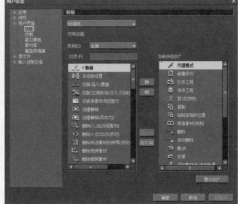

◀图 3-142▶

当创建完代理素材，在代理模式下进行编辑时，时间线窗口中的片段缩略图的显示会发生变化，如图 3-143 所示。

◀图 3-143▶

3.5　实例——故乡 MV

这个短片主要描述的是回乡的少女在故乡的街道、小巷里寻找记忆的一组镜头，展现了古朴、自然的乡村气息，悠长的小路也表达了思乡之情和深埋的回忆。选配了一首新配器的歌曲作为背景音乐，用画面传递出心情的变化，给观众身临其境的感觉。影片预览效果如图 3-144 所示。

◀图 3-144▶

3.5.1 粗剪——挑选素材

对于影片的剪辑，每个人都会有其独特的习惯和手法，这里介绍的粗剪主要目的是将需要的素材挑选出来，铺设在时间线上，基本完成影片的框架，找到一个总体的感觉，留待后面再精推细敲。

1 打开软件 EDIUS，单击"新建工程"按钮，建立一个新的工程文件，如图 3-145 所示。

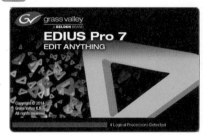

◀ 图 3-145 ▶

2 由于所有的素材都是高清拍摄的，我们选择一个高清的工程预设，并为工程文件命名，如图 3-146 所示。

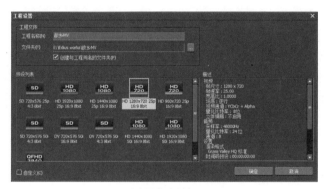

◀ 图 3-146 ▶

3 单击"确定"按钮，关闭"工程设置"对话框，进入 EDIUS 工作界面。

4 单击素材库选项卡，打开素材库，单击🖼图标，弹出"打开"对话框，如图 3-147 所示。

◀ 图 3-147 ▶

5 选择需要的素材，按住 Ctrl 键可同时选取多个素材，单击"确定"按钮，导入素材，如图 3-148 所示。

◀ 图 3-148 ▶

 一个新的 EDIUS 工程有 1 条 VA（视音）轨，1 条 V（视频）轨，1 条 T（字幕）轨，4 条 A（音频）轨，如图 3-149 所示。

◀ 图 3-149 ▶

 下面从一个高处眺望的摇镜头开始，在素材库中双击素材 "MVI-0828"，在素材预览窗口中打开，单击素材预览窗口底部的播放按钮▶，查看素材内容。

提示　为了更准确地找到素材中需要的画面，拖动素材窗口底部的时间线指针或者滚动鼠标上的滚轮。

⑧ 一旦找到合适的画面，就可以作为要使用素材的起止点，也就是素材的入点和出点。当前时间指针在 3 秒位置，单击▮按钮，设置素材的入点，如图 3-150 所示。

提示　如果应用的是双窗口模式，因为显示器尺寸不够大，会有一些工具收藏在下拉菜单中。

⑨ 将当前指针移到 11 秒时，单击▮按钮，设置该素材的出点，如图 3-151 所示。

◀ 图 3-150 ▶

◀ 图 3-151 ▶

10 设置好素材的入点和出点，从素材预览窗口拖曳到时间线面板的轨道1VA中，成为影片的第一个片段，如图3-152所示。

◀ 图3-152 ▶

11 这时在节目预览窗口中就可以查看时间线面板上的视频内容，如图3-153所示。

12 继续挑选第二段素材。这是一段迎着阳光女孩走上台阶的镜头"MVI-1044"，在素材预览窗口中设置该视频素材的入点和出点，如图3-154所示。

◀ 图3-153 ▶　　　　　　　　◀ 图3-154 ▶

13 将第二段素材拖曳到时间线面板中，放在第一段视频的后面，如图3-155所示。

◀ 图3-155 ▶

14 为了在轨道上更清楚地查看素材的缩略图，可以增加轨道的高度。右键单击轨道1VA的标题栏，从弹出的快捷菜单中选择"高度"|"3（3）"命令，如图3-156所示。

◀ 图3-156 ▶

15 选取第三段视频素材"MVI-0951"，画面中女孩从一个胡同中走过来，衣服颜色鲜亮，与村落的旧砖墙形成鲜明的对比。双击该素材，在素材预览窗口中打开，设置入点和出点，如图3-157所示。

16 将该素材拖曳到时间线面板中，放在视音轨道 1VA 中第二段视频的后面，如图 3-158 所示。

◀ 图 3-157 ▶　　　　　　　　　　　　　　◀ 图 3-158 ▶

17 继续挑选第四段视频素材，这段视频是承接前面的镜头中女孩抚摸墙壁的近景镜头 "MVI-0919"，设置该素材的出入点，如图 3-159 所示。

18 将该素材拖曳到时间线面板中，放在视音轨道 1VA 中第三段视频的后面。

19 继续挑选第五段素材，是一段女孩继续在小巷里行走的中近景 "MVI-0966"，设置该素材的入点和出点，如图 3-160 所示。

◀ 图 3-159 ▶　　　　　　　　　　　　　　◀ 图 3-160 ▶

20 还要选择很多片段的素材，这里就不赘述其他素材的挑选过程了，可以参考下面的镜头时间表，如图 3-161 所示。

21 查看在时间线中轨道上素材的缩略图，如图 3-162 所示。

序号	素材名称	入点	出点
06	MVL_0941	00;00;08;15	00;00;23;20
07	MVL_1208	00;00;03;10	00;00;06;20
08	MVL_1135	00;00;02;00	00;00;06;10
09	MVL_1147	00;00;02;10	00;00;06;10
10	MVL_0926	00;00;02;10	00;00;06;10
11	MVL_1099	00;00;03;10	00;00;06;00
12	MVL_0900	00;00;13;00	00;00;21;15
13	MVL_0926	00;00;03;00	00;00;09;10
14	MVL_1150	00;00;03;20	00;00;08;15
15	MVL_1141	00;00;08;15	00;00;23;20
16	MVL_0934	00;00;02;00	00;00;06;20
17	MVL_0899	00;00;09;15	00;00;13;00
18	MVL_1221	00;00;06;00	00;00;11;00
19	MVL_1049	00;00;03;00	00;00;06;20
20	MVL_0951	00;00;13;20	00;00;19;00

◀ 图 3-161 ▶　　　　　　

◀ 图 3-162 ▶

3.5.2 精剪画面

将挑选好的素材铺设在时间线上，接下来就要根据音乐的节奏和情绪对片段进行精剪。

[1] 导入一首歌"故乡",添加到音频轨道 1A 中,单击轨道面板上的小三角图标,展开音频波形,如图 3-163 所示。

[2] 放大显示时间线视图,设置显示单位为 0.5 秒,单击音频素材的起点,修剪起点到 1 秒 21 帧。如图 3-164 所示。

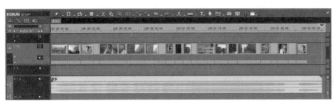

◀ 图 3-163 ▶

◀ 图 3-164 ▶

[3] 拖动时间线视图,在音频素材的后端有一段比较长的空档,选择切断工具,在该空档处将素材切成两个片段。

[4] 拖曳当前时间线指针到 2 分 2 秒 20 帧处,用鼠标单击最后一个音频片段的起点,修剪该片段直到末端与当前指针对齐,如图 3-165 所示。

[5] 接下来根据音乐节奏细致地修剪视频素材。拖曳当前指针到 8 秒 4 帧,从音频波形可以看出这里有一个剪辑点,如图 3-166 所示。

◀ 图 3-165 ▶

◀ 图 3-166 ▶

[6] 在第一和第二两个片段的交界处单击,然后向后拖曳光标到当前指针位置,如图 3-167 所示。

[7] 右键单击第一个片段,从弹出的菜单中选择"时间效果"丨"速度"命令,在弹出的"素材速度"对话框中勾选"逆方向"选项,使该片段倒放,画面由山外摇镜至村庄里,如图 3-168 所示。

◀ 图 3-167 ▶

◀ 图 3-168 ▶

[8] 拖曳当前指针到 14 秒 5 帧,单击预览视图下方的区域播放按钮,多次监听音乐的节奏和唱词的内容。

[9] 单击两个片段的交界,滚动编辑两个片段的入点和出点,如图 3-169 所示。

◀ 图 3-169 ▶

[10] 拖曳当前指针到 37 秒 18 帧，这个位置音乐的节奏有很大的变化。单击两个片段的交界，滚动编辑两个片段的入点和出点，如图 3-170 所示。

◀ 图 3-170 ▶

[11] 拖曳当前指针到时间线的起点，单击█按钮设置节目的入点，拖曳当前指针到音频素材的末端，单击█按钮设置节目的出点。

[12] 拖曳当前指针到 1 分 45 秒 23 帧，单击前面的片段"MVI-1141"的末端，光标变成█，向右拖曳鼠标直到片段"MVI-0934"和"MVI-0899"的交界与当前指针对齐，如图 3-171 所示。

◀ 图 3-171 ▶

[13] 单击播放指定区域按钮█，重复播放前后 3 秒之间的预览，查看女孩抚摸墙壁的中景与手部特写的动作转换与音乐是否协调。

[14] 为了更好地配合音乐节奏，将手部特写的镜头放慢速度。在时间线上右键单击素材"MVI-0899"，从弹出的菜单中选择"时间效果"|"速度"命令，弹出"素材速度"对话框，在持续时间栏中调整数值为 5 秒 5 帧，如图 3-172 所示。

[15] 在时间线上该片段变长，与音频的交界基本对齐，如图 3-173 所示。

◀ 图 3-172 ▶　　　　　　　　　　　◀ 图 3-173 ▶

16 拖曳当前指针到音频的末端，修剪倒数第三和第二个片段，使得视频素材的末端与当期指针对齐，也就是节目的出点位置，如图 3-174 所示。

◀ 图 3-174 ▶

17 在影片中间的部分，也需要根据音乐的节奏对个别片段进行修剪，这里不再赘述。

18 多次播放，不断体会音画结合的效果是否合理，情绪的渲染是否恰当，如果影片的剪辑基本完成，保存工程。

3.5.3 添加转场与特效

素材的排列和精剪已经完成了，接下来添加必要的转场、特效和字幕。

1 首先展开特效面板，在 2D 转场组中选择一个很基本的特效"溶化"，如图 3-175 所示。

2 将该转场特效拖曳到时间线上第一和第二片段的交界位置，这样就添加了"溶化"转场，默认的长度为 1 秒，如图 3-176 所示。

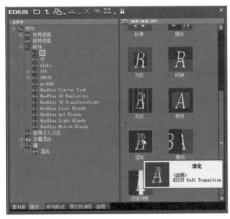

◀ 图 3-175 ▶   ◀ 图 3-176 ▶

3 拖曳当前时间线指针，查看两个片段过渡的效果，如图 3-177 所示。

◀ 图 3-177 ▶

4 用同样的方法在第二和第三个片段之间也添加一个"溶化"转场特效，如图 3-178 所示。

5 第三和第四个片段之间不需要添加转场，因为这是景别发生变化的同一场景，不过因为角度的错位，需要为第四个片段添加镜像特效，展开特效面板中的视频特效组，查找"镜像"滤镜，如图 3-179 所示。

◀ 图 3-178 ▶   ◀ 图 3-179 ▶

6 拖曳该滤镜到第四片段上，接受默认设置即可，发生水平反转，如图 3-180 所示。

◀ 图 3-180 ▶

7 拖曳当前指针，查看这两个片段的衔接效果，使其方向对应，如图 3-181 所示。

◀ 图 3-181 ▶

8 第四片段与第五片段变换了场景，可以添加一个"溶化"特效，或者其他的转场特效，例如 2D 转场组中的"推拉"特效，拖曳当前指针查看这两个片段的转场效果，如图 3-182 所示。

◀ 图 3-182 ▶

9 添加转场一般遵循一个简单的原则，那就是场景或时空发生了变换，可以添加适当的转场特效，如果是同一拍摄对象的景别变换不需要转场特效。后面的片段读者可以根据需要添加转场，这样抒怀的影片，尽可能不要添加看起来花哨的特效，不然会破坏了影片的风格和情绪。

10 在这里需要特别一提的就是 EDIUS 7 版本有一个很实用的稳定素材的滤镜，可以消除一些实拍时的晃动和抖动缺陷。在特效面板中展开视频特效组，如图 3-183 所示。

11 拖曳该滤镜到时间线上第一个摇镜头的片段上，等待稳定分析，需要一点点时间，如图 3-184 所示。

◀ 图 3-183 ▶

◀ 图 3-184 ▶

12 当分析稳定性完成之后，单击播放按钮▶，查看节目预览效果时，明显感觉到要比源素材的画面稳定性改善了很多。

13 对于影视后期来说，针对不同的素材应用必要的滤镜进行调整是很重要的，校色就是很常用的调整，在后面的章节中将针对滤镜和校色进行详细的探讨和讲解。

3.5.4 添加字幕

字幕对一个影片来说也是相当重要的元素，不仅会提供必要的文字信息，还可以增强设计感，在构图和修饰等方面起到一定的作用。

因为在第 6 章会专门讲解创建字幕的工具和技巧，下面主要针对本影片添加一些简单的字幕。

1 拖曳当前指针到第一个片段，单击时间线面板顶部的"创建字幕"工具T，从下拉菜单中选择"在 1T 轨道上创建字幕"命令，如图 3-185 所示。

2 打开字幕编辑器，输入文字，并设置字体、大小和颜色等参数，如图 3-186 所示。

◀ 图 3-185 ▶

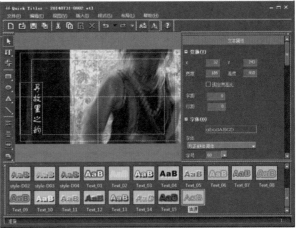

◀ 图 3-186 ▶

3 单击右上角的"关闭"按钮，字幕就自动添加到字幕轨道 1T 上，而且带有淡入和淡出效果。查看节目预览效果，如图 3-187 所示。

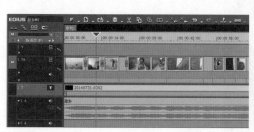

◀ 图 3-187 ▶

4 在时间线上右键单击字幕素材，从弹出的菜单中选择"持续时间"命令，设置该字幕的长度为 3 秒，如图 3-188 所示。

5 设置了字幕的长度，然后再在时间线面板上调整字幕的时间位置，首端与第二个片段的首端对齐，如图 3-189 所示。

◀ 图 3-188 ▶   ◀ 图 3-189 ▶

6 刚才创建的字幕也会保存在素材库中，双击该字幕素材，重新打开字幕编辑器，可以进一步编辑字幕，取消勾选"边缘"，设置"投影"和"模糊"的参数，如图 3-190 所示。

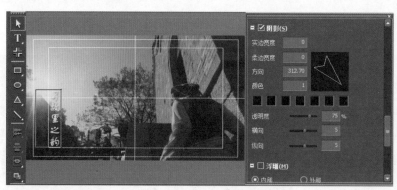

◀ 图 3-190 ▶

7 调整好字幕之后，关闭字幕编辑器，拖曳当前指针，查看字幕的预览效果，如图 3-191 所示。

◀ 图 3-191 ▶

⑧ 创建一个字幕，可以在素材库中打开该字幕进行修改，然后另外保存，如图 3-192 所示。

◀ 图 3-192 ▶

⑨ 另存字幕后，从素材库中拖曳到字幕轨道上，默认的长度为 6 秒。可以设置字幕的长度为 3 秒，并调整相应的时间位置，如图 3-193 所示。

◀ 图 3-193 ▶

⑩ 使用上面的方法依次创建多个字幕，然后再添加到字幕轨道上，调整字幕素材的长度和时间位置。

3.5.5 输出影片

当完成了影片的编辑工作，通过播放预览多次查看影片的效果，如果确定满意，最后的工作就是要输出影片了。

① 在 EDIUS 中输出影片的操作很简单，单击预览视窗底部的输出按钮，根据要输出成品的需要，从弹出的菜单中选择相应的命令，例如这个故乡 MV 剪辑完成之后需要输出小样，那就选择"输出到文件"命令，如图 3-194 所示。

② 既然作为小样输出，不需要尺寸太大，一般选择 MPEG2 格式就可以，在预设库中选择"MPEG2 程序流"选项，如图 3-195 所示。

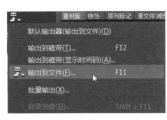

◀ 图 3-194 ▶

◀ 图 3-195 ▶

EDIUS 7 中包含众多输出格式和设置，将在本书的最后一章进行详细讲解。

3 单击"输出"按钮，在弹出的对话框中设置存储文件的位置和名称，如图 3-196 所示。

4 单击"保存"按钮，关闭对话框，弹出渲染进度条，如图 3-197 所示。

◀ 图 3-196 ▶

◀ 图 3-197 ▶

5 待指示色条达到 100%，表示影片的渲染完成，输出的影片可以使用播放器播放或者发送给客户进行审片了。

3.6 本章小结

本章主要讲述视频剪辑的基本流程和使用剪辑工具的基本方法，重点对不同编辑模式状态下添加或删除素材可能导致时间线的变化进行了详细的讲解。通过一个简单的短片实例使读者更好地理解剪辑的概念和操作规程。

第4章

运动特效

　　在影视后期处理中图像的运动特效可以丰富视觉效果，扩展了素材的表现手法。在 EDIUS 中主要在视频布局控制面板中创建和编辑图层的位置、角度、缩放动画，这也是本章的重点内容，尤其是三维空间的变换动画更是为剪辑师提供了创作空间。设置完成的关键帧，可以调整插值曲线和时间分布来调节速度，而对于素材本身的播放速度也可以非常方便地进行调节。

4.1 关键帧动画

为了在素材上设置关键帧，单击激活关键帧勾选框☑，然后拖动时间线在不同的时间点设置不同的效果参数值，这样就创建了效果动画，如图 4-1 所示。

◀ 图 4-1 ▶

 勾选框不仅针对滤镜的个别参数，也可以针对整个滤镜。

▶ 播放 / 停止按钮：单击该按钮可以播放或停止播放该片段，在节目窗口中预览添加特效的效果。

▶ 循环播放按钮：循环播放该片段直到按下停止按钮▣。

▶ 撤销按钮：撤销前一步的关键帧操作，比如添加、删除或复制关键帧等。

▶ 恢复按钮：恢复前面的撤销操作。

▶ 图形模式：设置关键帧区域显示为图形的模式。

如果关键帧面板不显示，单击滤镜名称左侧的扩展按钮▶打开控制面板，可以用来设置关键帧。单击▼按钮可以隐藏数据面板，如图 4-2 所示。

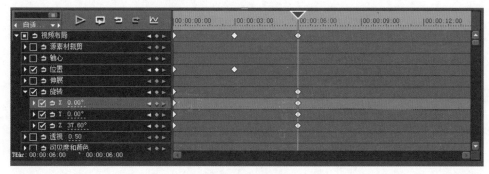

◀ 图 4-2 ▶

单击◆按钮可在当前时间指针所在的位置添加或删除关键帧。单击◀按钮可以快速跳到前一个关键帧，单击▶按钮可跳到后一个关键帧。

 当前时间指针位置已经存在关键帧，单击◆按钮就会删除该关键帧。

通过改变关键帧的插值方式，可以改变两个关键帧之间的参数或效果动画的速度。右键单击一个关键帧，从弹出的菜单中选择"固定"、"线性"或"贝塞尔"命令，如图 4-3 所示。

◀图 4-3▶

以位置关键帧为例，单击图形模式按钮 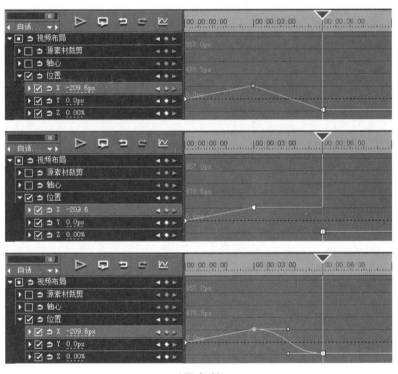，查看动画曲线，对比一下三种不同的插值方式的区别，如图 4-4 所示。

◀图 4-4▶

通过调整运动曲线的方式可以调整动画的速度，如图 4-5 所示。

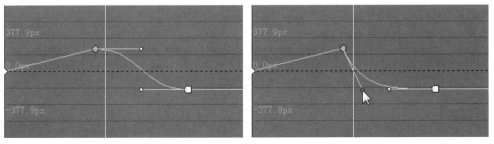

◀图 4-5▶

动画曲线经过调整之后，动画的速度发生了变化，由以前的缓入缓出，变成了快入缓出。

对于包含扩展参数的特效属性，比如 3D 模式下的旋转，单击小三角可以展开扩展参数，如图 4-6 所示。

◀ 图 4-6 ▶

如果要调整各轴向角度的关键帧，可以使用 GUI 控制，也可以使用拖曳关键点数值，如图 4-7 所示。

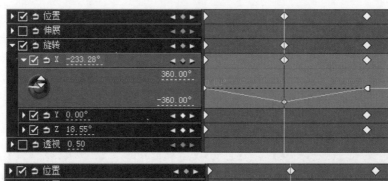

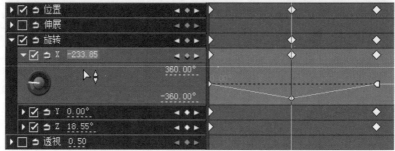

◀ 图 4-7 ▶

 提示　在运动曲线视图中，通过拖曳关键点也可以调整参数值，如图 4-8 所示。

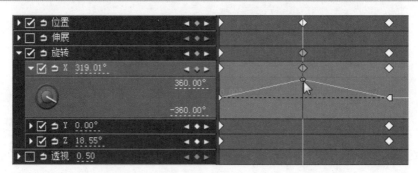

◀ 图 4-8 ▶

如果该属性取消勾选■，所做的关键帧的调整依然保留，但呈现灰色而且不能改变，相应的动画也会失效，如图 4-9 所示。

◀图 4-9▶

4.2 视频布局动画

在 EDIUS 中不仅可以设置滤镜参数的动画，更多的时候需要设置图像的移动、旋转和缩放等动画，尤其是三维空间中的动画，这就是视频布局动画。

4.2.1 视频布局概述

按 F7 键，或者选择主菜单中的"素材"|"视频布局"命令，打开视频布局窗口，如图 4-10 所示。

功能选项按钮 ——

预览窗口 ——

参数与预设

时间线控制面板

◀图 4-10▶

视频布局窗口中包含许多控制和功能按钮，用来决定图像不同的布局方式。比如，选择了裁剪模式，图像只有裁剪功能，而 2D 模式、3D 模式和显示参考按钮变成灰色，不再可用，如图 4-11 所示。

◀图 4-11▶

提示

由于布局窗口尺寸的原因，有时候不能全部显示功能按钮，可以单击右上角的■按钮全屏显示布局窗口，或者拖曳窗口的左右边缘，放大窗口尺寸，以显示全部功能按钮。

1 裁剪模式

在预览框中通过控制边框来裁剪图像，也可以在右侧的参数面板中设置数值完成图像的裁切，如图 4-12 所示。

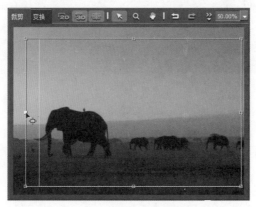

◀图 4-12▶

2 变换模式

激活变换模式，然后再选择 2D 或 3D 模式，确定图像的变换空间，如图 4-13 所示。

1）2D 模式 **2D**

设置图层变换显示为二维空间模式，如图 4-14 所示。

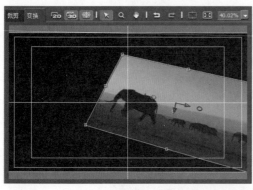

◀图 4-13▶

◀图 4-14▶

 当从 3D 模式切换到 2D 模式时，会弹出警示框，可以勾选下面的提示项不再弹出该警示框，如图 4-15 所示。

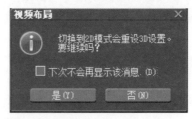

◀图 4-15▶

2）3D 模式 3D

设置图层变换显示为三维空间模式，如图 4-16 所示。

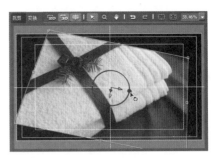

◀图 4-16 ▶

3）显示辅助线

单击显示辅助线按钮，显示画面中线点、安全框等辅助线，如图 4-17 所示。

 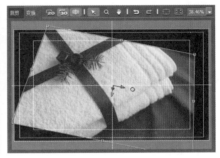

◀图 4-17 ▶

4）放大镜工具

激活放大镜工具，可以放大或缩小预览窗口的显示，如图 4-18 所示。

◀图 4-18 ▶

5）抓手工具

激活抓手工具，可以移动预览窗口中画面的显示位置，尤其是放大显示后，可以拖曳预览视图以查看不同的区域，如图 4-19 所示。

◀图 4-19 ▶

6）撤销工具

撤销最近的操作，有十级撤销操作。

7）恢复工具

恢复最近的撤销操作，有十级恢复操作。

8）置中工具

单击置中工具按钮，将偏移放大的图像重新移回到预览窗口的中心位置，如图 4-20 所示。

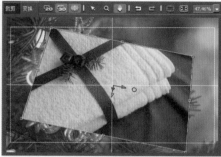

◀图 4-20▶

9）适配工具

单击适配工具按钮，将预览图像的尺寸适配当前布局面板中预览窗口的尺寸，如图 4-21 所示。

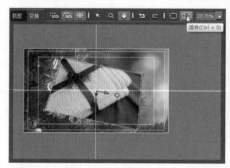

◀图 4-21▶

> 提示
>
> 适配比例是默认的预览大小设置。

10）显示比例

指定显示预览图像的大小，如图 4-22 所示。

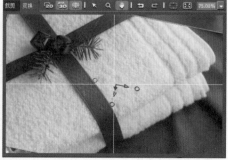

◀图 4-22▶

　　显示源素材视频和在布局窗口中对图像所做的变换，包括图像的边框、轴心点、指示线等，这里不仅可以查看图像变换的效果，也可以直接在这里操作裁剪、移动、旋转和拉伸等属性，如图 4-23 所示。

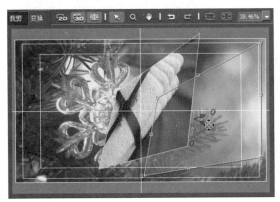

◀图 4-23▶

　　为了方便查看图像的细节，可以放大显示，或者偏移需要着重查看的区域等，也可以显示安全框，避免重要的画面信息丢失。

　　当在布局窗口中选择某种功能时，对应的可用参数也会有差别，比如 2D 模式和 3D 模式下轴向的参数就不同，如图 4-24 所示。

　　单击"预设"选项卡，可以应用系统预存和自定义的预设，如图 4-25 所示。

◀图 4-24▶　　　　　　　　　　　◀图 4-25▶

　　包括以下几项：

▶ 默认。

▶ 匹配高度。

▶ 匹配宽度。

▶ 原始尺寸。

　　如果要应用一个预设，可双击该预设，或者选择该预设后单击"应用"按钮。

　　将当前布局存储为自己的预设，单击■按钮，弹出保存预设名称对话框，输入预设的名称，在注释栏中可以填写对预设的简单描述，如图 4-26 所示。

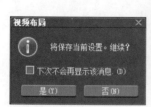

◀ 图 4-26 ▶

如果在预览窗口中单击鼠标右键，会弹出与功能按钮对应的菜单，如图 4-27 所示。

◀ 图 4-27 ▶

4.2.2 裁剪图像

为了构图的需要，有时候需要重新裁剪素材的画面。单击"裁剪"选项卡，在预览窗口中直接拖曳裁剪框就可以裁剪画面，如图 4-28 所示。

也可以在参数面板中设置左、右、顶、底的裁剪比例（或像素），如图 4-29 所示。

◀ 图 4-28 ▶　　　　　　　　　　　　　　◀ 图 4-29 ▶

 提示　选择裁剪功能时，素材预览只显示为二维状态，但并不影响在三维空间进行变换操作。

选择了裁剪功能，调整裁剪参数时，在预览窗口中会显示裁剪框的变化，但不会显示有图像被裁减掉，而在节目预览窗口中才会显示裁剪之后的画面，如图 4-30 所示。

◀ 图 4-30 ▶

4.2.3 二维变换

除了裁剪之外，对素材的操作大多都是变换操作，包括移动、旋转、拉伸、调整透明度以及边缘等，如图 4-31 所示。

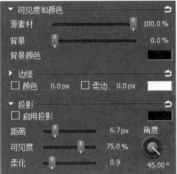

◀ 图 4-31 ▶

包括以下几方面：

▶ 改变轴心点的位置。

▶ 重新定位图像的位置。

▶ 旋转图像。

▶ 改变素材的可见度以及背景的颜色。

▶ 定义图像边框。

▶ 定义图像的投影。

 提示

轴心、位置、拉伸和旋转会因为选择二维或三维功能而具有不同的坐标空间。

1 轴心点

轴心的数值表示图像在预览窗口中轴心点相对于坐标空间的 X、Y 位置。

调整轴心的位置偏离图像的中心，也会改变图像的位置，如图 4-32 所示。

◀图 4-32▶

轴心的改变尤其会影响旋转和拉伸变形的结果，如图 4-33 所示。

◀图 4-33▶

2 位置

素材图像相对于节目框的位置是由位置来控制的。调整位置栏中 X、Y 对应的数值可以改变图像的位置，如图 4-34 所示。

◀图 4-34▶

更直观的方法是在预览窗口中直接拖曳图像，如图 4-35 所示。

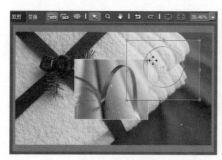

◀图 4-35▶

单击 9 个位置控制点中的一个，轴心点会自动匹配到该位置，包括左上、中上、右上、右中、右下、中下、左下、左中和中心，如图 4-36 所示。

如果选择了中心位置，当裁剪素材或拉伸时，画面保持在预览的中心，如果选择其他的位置，图像会在 X、Y 轴上有偏移的数值，而且轴心的位置也会发生改变，如图 4-37 所示。

◀ 图 4-36 ▶　　　　　　　　　　　　　　　　　　◀ 图 4-37 ▶

位置控制与显示区域有关系。显示区域有三个选项：欠扫描、过扫描和字幕安全框。如果选择中心位置，则选择任一种显示区域都没有区别，而对于选择其他的位置，相对于不同的显示区域会有很大的区别，如图 4-38 所示。

欠扫描　　　　　　　　　　　　过扫描　　　　　　　　　　　　字幕安全

◀ 图 4-38 ▶

③ 拉伸

拉伸图像时可以通过在 X、Y 栏输入数值进行拉伸，也可以在预览窗口中直接拖曳，如图 4-39 所示。拉伸图像最直接的方式就是在预览窗口中拖曳图像的边框，如图 4-40 所示。

◀ 图 4-39 ▶　　　　　　　　　　　　　　　　　　◀ 图 4-40 ▶

默认状态下，图像的拉伸是宽高等比例的，如果取消勾选"保持帧宽高比"复选框，可以不等比拉伸，甚至单边拉伸变形，如图 4-41 所示。

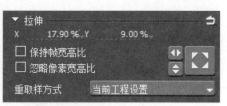

◀ 图 4-41 ▶

当图像经过变形,或者素材图像与节目尺寸不同时,可以通过单击适配按钮,将图像快捷地与节目尺寸的宽度、高度或全屏进行匹配,如图 4-42 所示。

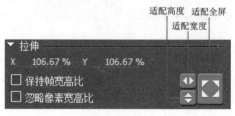

◀ 图 4-42 ▶

4 旋转

素材图像可以通过在旋转栏中输入数值调整角度,也可以展开旋转旋钮来调整图像的角度,如图 4-43 所示。

◀ 图 4-43 ▶

单击"旋转"左侧的小三角,展开控制旋转的旋钮,也可以很方便地调整图像的角度,如图 4-44 所示。

◀ 图 4-44 ▶

 提示　旋转图像时,要注意轴心的位置对旋转的影响。

5 可见度和颜色

　　源素材的可见度用来调整图像的透明度，可以通过在"源素材"数值栏中拖曳或直接输入数值来进行调整，如图 4-45 所示。

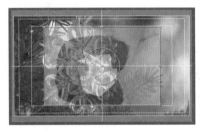 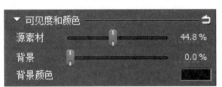

◀ 图 4-45 ▶

　　如果要设置背景的颜色，单击背景色块，弹出"色彩选择"对话框，选择预设颜色或者在调色板中选取颜色，如图 4-46 所示。

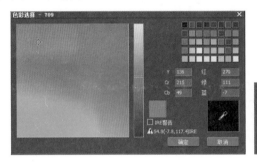 

◀ 图 4-46 ▶

　　如果要显示背景的颜色，需要设置背景的可见度，可在"背景"数值栏中上下拖曳改变数值，或者直接输入一个合适的数值，如图 4-47 所示。

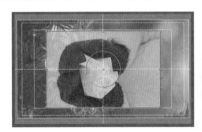 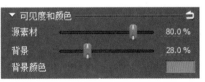

◀ 图 4-47 ▶

6 边缘

　　边缘控制主要用来为图像添加边框，并设置边框的宽度、颜色以及柔边效果，如图 4-48 所示。

◀ 图 4-48 ▶

勾选"柔边"复选框，设置柔边的尺寸，可以创建类似发光的柔和边框，如图 4-49 所示。

◀图 4-49▶

如果不勾选"颜色"复选框，只勾选"柔边"复选框的话，就会创建柔和的图像边缘效果，如图 4-50 所示。

◀图 4-50▶

7 投影

勾选"启用投影"复选框，设置投影的颜色、角度、距离、可见度以及柔化参数，可以获得该图像的投影效果，尤其是多轨道素材合成时，边缘和投影有助于强调图像之前的层次感，如图 4-51 所示。

◀图 4-51▶

时间线控制面板是设置和控制变换属性关键帧的工作区，添加、删除、移动或者编辑关键帧的数值都可以在这里简单操作，如图 4-52 所示。

◀图 4-52▶

在时间线面板的顶端单击播放按钮▶可以预览动画效果，单击图形模式按钮〰可以查看动画的曲线，并通过调整曲线的形状控制关键帧的数值和运动的速度，如图4-53所示。

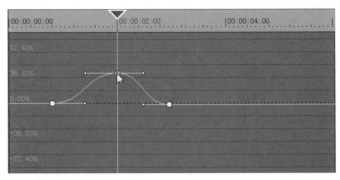

◀图4-53▶

4.2.4 实例——大伟摄影工作室宣传片

本实例应用二维空间的变换动画创建一个摄影工作室的宣传片，如图4-54所示。

◀图4-54▶

具体操作步骤如下。

1 设置工程，选择一款高清的工程预设，如图4-55所示。

2 导入几张该工作室的图片素材，如图4-56所示。

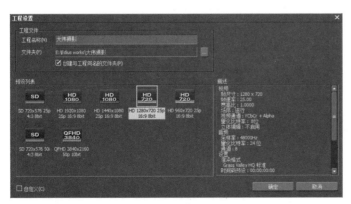

◀图4-55▶

◀图4-56▶

3 从素材库中拖曳图片"大伟 work04"到时间线的轨道 1VA 上，保持默认长度为 6 秒。

4 打开视频布局面板，单击顶对齐按钮▲，再单击宽度拉伸按钮◀▶，这样就确定了图像的位置和大小，如图 4-57 所示。

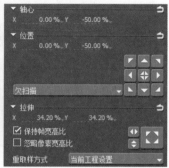

◀ 图 4-57 ▶

5 在时间线面板中添加位置关键帧，拖曳当前指针到 4 秒处，调整如图 4-58 所示。

◀ 图 4-58 ▶

6 展开位置属性，右键单击第一个关键帧，从弹出的菜单中选择"贝塞尔"命令，调整关键帧的插值，如图 4-59 所示。

◀ 图 4-59 ▶

7 在素材库中单击鼠标右键，从弹出的菜单中选择"添加字幕"命令，在打开的字幕编辑器中绘制一个矩形，设置填充颜色和浮雕参数，如图 4-60 所示。

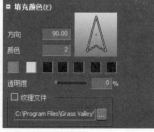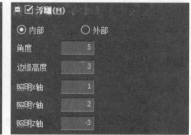

◀ 图 4-60 ▶

8 关闭字幕编辑器，保存字幕为"白色矩形"。

9 旋转图像并调整图像的拉伸参数，如图 4-61 所示。

10 创建位置属性的关键帧，拖曳当前指针到 1 秒 15 帧，调整图像的位置，创建图像从右向左移动的动画，如图 4-62 所示。

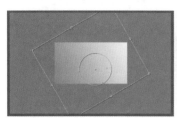 

◀图 4-61▶　　　　　　　　　　　　　　　　◀图 4-62▶

11 勾选"启用投影"复选框，设置投影的参数，如图 4-63 所示。

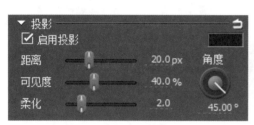 

◀图 4-63▶

12 拖曳当前时间线指针，查看色块的动画效果，如图 4-64 所示。

◀图 4-64▶

13 创建一个新的字幕，绘制一个矩形长条，如图 4-65 所示。

 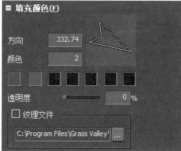 

◀图 4-65▶

14 关闭字幕编辑器，保存字幕为"粉色长条"。

15 添加该字幕素材到轨道 3V 上，打开视频布局面板，设置参数，如图 4-66 所示。

16 拖曳当前指针到 2 秒 10 帧，创建位置的关键帧，拖曳当前指针到起点，调整图像的位置，如图 4-67 所示。

◀ 图 4-66 ▶　　　　　　　　　　　　　　　　◀ 图 4-67 ▶

17 拖曳当前时间线指针查看粉色长条的动画效果，如图 4-68 所示。

◀ 图 4-68 ▶

18 创建一个新的字幕，设置字体、颜色以及边缘等参数，如图 4-69 所示。

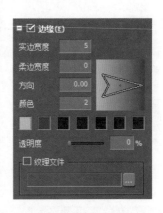

◀ 图 4-69 ▶

19 添加文字素材到轨道 4V 上，拖曳轨道 3V 上的色块字幕素材的视频布局到文字素材上，然后打开文字素材的视频布局面板，拖曳第二个关键帧到 2 秒 20 帧。

20 拖曳当前时间线指针查看字幕的动画效果，如图 4-70 所示。

◀ 图 4-70 ▶

[21] 新建一个序列，打开时间线面板，添加视频轨道 3 条，添加图片"大伟 work02"到时间线上的轨道 2V 上，起点在 12 帧。

[22] 新建一个色块，如图 4-71 所示。

[23] 拖曳色块素材到轨道 1VA 上，选择图片素材，添加"手绘遮罩"滤镜，然后在滤镜面板中绘制遮罩，设置遮罩参数，如图 4-72 所示。

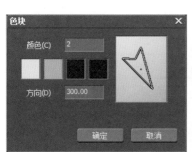

◀ 图 4-71 ▶   ◀ 图 4-72 ▶

[24] 查看节目预览效果，如图 4-73 所示。

[25] 在信息面板中拖曳"手绘遮罩"到顶级，如图 4-74 所示。

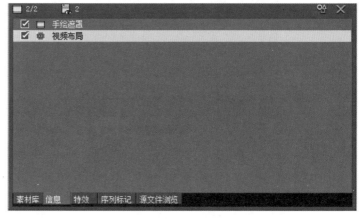

◀ 图 4-73 ▶   ◀ 图 4-74 ▶

[26] 打开视频布局面板，分别在起点和 3 秒处设置图像位置属性的关键帧，如图 4-75 所示。

◀ 图 4-75 ▶

[27] 从素材库中拖曳字幕素材"白色矩形"到轨道 3V 上，打开视频布局面板，拖曳当前指针到 2 秒处，调整拉伸、旋转和位置参数并添加位置关键帧，如图 4-76 所示。

◀图 4-76▶

28 拖曳当前指针到起点，调整位置参数，如图 4-77 所示。

◀图 4-77▶

29 拖曳当前指针到 12 帧，调整位置参数，如图 4-78 所示。

◀图 4-78▶

30 拖曳当前时间线指针查看节目的预览效果，如图 4-79 所示。

◀图 4-79▶

31 在素材库中双击字幕素材"粉色长条"，调整颜色参数，然后另存为"红色长条"，如图 4-80 所示。

 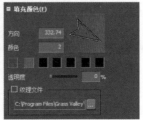

◀图 4-80▶

32 添加到轨道 4V 中,打开视频布局面板,调整旋转、位置和投影参数,并在 2 秒处添加位置关键帧,如图 4-81 所示。

◀ 图 4-81 ▶

33 拖曳当前指针到起点,调整位置参数,如图 4-82 所示。

◀ 图 4-82 ▶

34 拖曳当前时间线指针,查看粉色长条的动画效果,如图 4-83 所示。

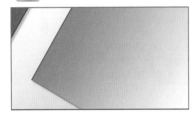

◀ 图 4-83 ▶

35 在素材库中双击文本字幕素材"字幕 01",在字幕编辑器中修改字符,如图 4-84 所示。

◀ 图 4-84 ▶

36 另存字幕文件为"字幕 02",添加到轨道 6V 上,打开视频布局面板,调整旋转、位置和投影参数,如图 4-85 所示。

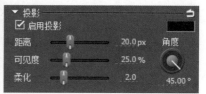

◀ 图 4-85 ▶

37 拖曳当前指针到 2 秒 20 帧，添加位置关键帧，拖曳当前指针到起点，调整位置参数，如图 4-86 所示。

◀ 图 4-86 ▶

38 拖曳当前时间线指针，查看字幕的动画效果，如图 4-87 所示。

◀ 图 4-87 ▶

39 新建一个序列，然后新建一个白色的色块，并导入到轨道 1VA 中，如图 4-88 所示。

40 导入图片素材"大伟 work01"到轨道 2V 上，添加"手绘遮罩"滤镜，绘制遮罩并设置参数，如图 4-89 所示。

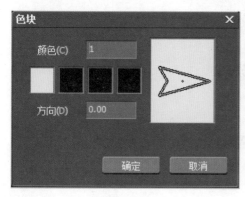
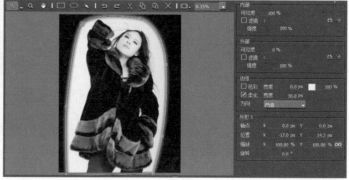

◀ 图 4-88 ▶　　　　　　　　　　　　　　　　　　◀ 图 4-89 ▶

41 查看节目预览效果，如图 4-90 所示。

42 在信息面板中，拖曳"手绘遮罩"到顶级，如图 4-91 所示。

◀ 图 4-90 ▶　　　　　　　　　◀ 图 4-91 ▶

43 打开视频布局面板，调整图像的位置和拉伸，并在起点设置位置关键帧，如图 4-92 所示。

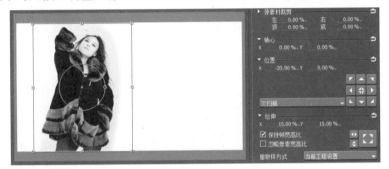

◀ 图 4-92 ▶

44 拖曳当前时间线指针到 4 秒，调整位置参数，创建第二个关键帧，如图 4-93 所示。

◀ 图 4-93 ▶

45 从素材库中拖曳字幕"白色矩形"到轨道 3V 上，调整旋转、拉伸、位置和投影参数，如图 4-94 所示。

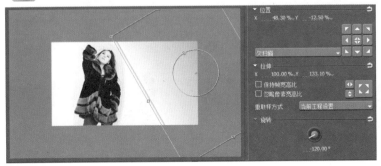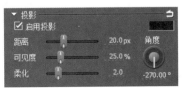

◀ 图 4-94 ▶

46 在 2 秒处设置位置关键帧，拖曳当前指针到起点，调整图像位置，如图 4-95 所示。

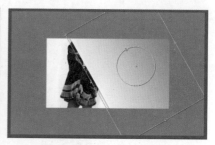

◀ 图 4-95 ▶

47 拖曳当前时间线指针，查看白色块的动画效果，如图 4-96 所示。

◀ 图 4-96 ▶

48 拖曳"白色矩形"到轨道 4V 上，调整旋转、拉伸、位置和投影参数，如图 4-97 所示。

◀ 图 4-97 ▶

49 拖曳当前指针到起点设置位置的关键帧，拖曳当前指针到 2 秒处，调整图像位置，如图 4-98 所示。

◀ 图 4-98 ▶

50 拖曳当前时间线指针查看白色块的动画效果，如图 4-99 所示。

◀ 图 4-99 ▶

51 在素材库中双击字幕"红色长条",调整填充颜色,另存为"蓝绿长条",如图 4-100 所示。

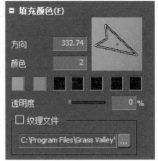

◀图 4-100 ▶

52 添加到轨道 5V 上,调整旋转、拉伸、位置和投影参数,如图 4-101 所示。

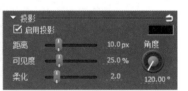

◀图 4-101 ▶

53 拖曳当前时间线指针查看蓝绿长条的动画效果,如图 4-102 所示。

◀图 4-102 ▶

54 创建一个新的字幕,设置字体、颜色以及边缘等参数,如图 4-103 所示。

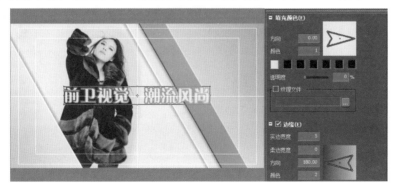

◀图 4-103 ▶

55 添加到轨道 6V 上,调整旋转、拉伸、位置和投影参数,在 2 秒处设置位置关键帧,如图 4-104 所示。

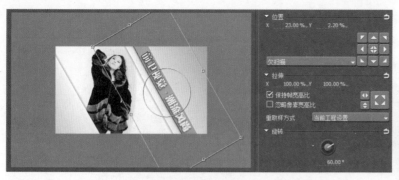
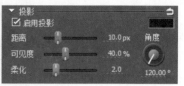

◀ 图 4-104 ▶

56 拖曳当前指针到 1 秒 15 帧，调整位置参数，如图 4-105 所示。

◀ 图 4-105 ▶

57 拖曳当前时间线指针查看字幕的动画效果，如图 4-106 所示。

◀ 图 4-106 ▶

58 新建一个色块，如图 4-107 所示。

59 导入图片素材，并调整视频布局参数，如图 4-108 所示。

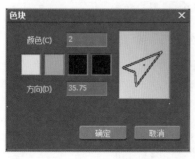

◀ 图 4-107 ▶　　　　　　　　　　　　　　　　　　◀ 图 4-108 ▶

60 围绕图片中的人物绘制遮罩，设置遮罩的参数，如图 4-109 所示。

61 关闭遮罩滤镜控制面板，查看节目预览效果，如图 4-110 所示。

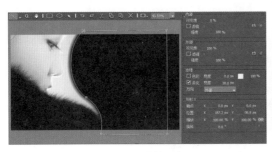

◀ 图 4-109 ▶　　　　　◀ 图 4-110 ▶

62 打开白色块的视频布局面板，在 2 秒 15 帧处设置位置参数，并创建关键帧，勾选"启用投影"复选框，设置投影参数，如图 4-111 所示。

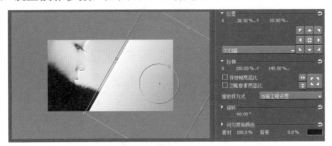

◀ 图 4-111 ▶

63 拖曳当前指针到起点，调整位置参数，创建新的关键帧，如图 4-112 所示。

◀ 图 4-112 ▶

64 拖曳当前时间线指针查看白色块的动画效果，如图 4-113 所示。

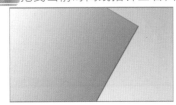

◀ 图 4-113 ▶

65 导入胶片素材，并打开视频布局面板，设置参数，如图 4-114 所示。

◀ 图 4-114 ▶

66 添加手绘遮罩滤镜，绘制一个矩形遮罩，并设置遮罩参数，如图 4-115 所示。

67 关闭遮罩滤镜面板，查看节目预览效果，如图 4-116 所示。

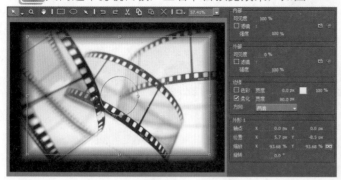

◀ 图 4-115 ▶ 　　　　　　　　　　　◀ 图 4-116 ▶

68 创建一个新的字幕，绘制一个橙色长条，调整填充颜色，如图 4-117 所示。

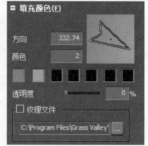

◀ 图 4-117 ▶

69 添加该字幕到轨道 5V 上，调整视频布局参数，拖曳当前指针到 2 秒处，创建位置的关键帧，如图 4-118 所示。

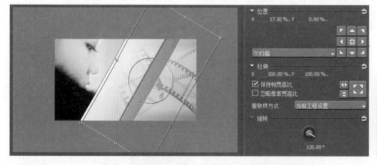
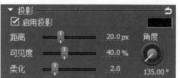

◀ 图 4-118 ▶

70 拖曳当前指针到起点，调整位置参数，创建新的关键帧，如图 4-119 所示。

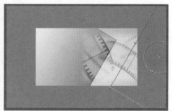

◀ 图 4-119 ▶

71 关闭视频布局面板，拖曳当前时间线指针，查看节目预览效果，如图 4-120 所示。

◀ 图 4-120 ▶

72 创建一个新的字幕，设置文字样式、颜色以及边缘等参数，如图 4-121 所示。

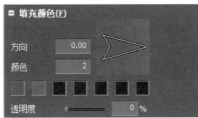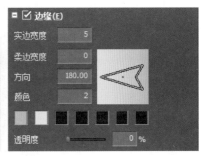

◀ 图 4-121 ▶

73 打开该字幕的视频布局面板，调整位置、拉伸和旋转参数，并在 3 秒 10 帧处设置位置关键帧，如图 4-122 所示。

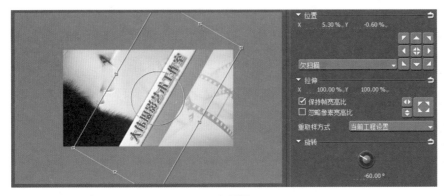

◀ 图 4-122 ▶

74 拖曳当前指针到 1 秒，调整位置参数，创建新的关键帧，如图 4-123 所示。

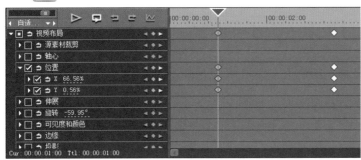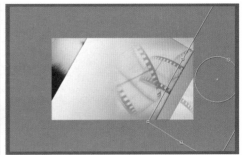

◀ 图 4-123 ▶

75 关闭视频布局面板，拖曳当前时间线指针查看节目预览效果，如图 4-124 所示。

◀图 4-124▶

76 新建一个序列，从素材库中拖曳"序列 1"到轨道 1VA 上，单击插入模式按钮 ，改为覆盖模式 ，如图 4-125 所示。

◀图 4-125▶

77 从素材库中拖曳"序列 2"到轨道 1VA 上，与前一个片段"序列 1"覆盖 1 秒的长度，如图 4-126 所示。

◀图 4-126▶

78 按照上面的方法添加"序列 3"和"序列 4"到轨道 1VA 中，如图 4-127 所示。

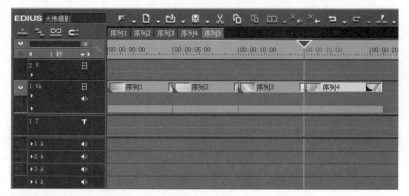

◀图 4-127▶

79 导入音乐素材"035",添加到轨道 1A 中,展开波形图,与视频轨道的画面运动对应节奏,如图 4-128 所示。

◀ 图 4-128 ▶

80 至此本宣传片制作完成,保存工程。单击播放按钮▷,查看节目预览效果,如图 4-129 所示。

◀ 图 4-129 ▶

4.3 三维空间动画

三维变换相对于二维空间来说操作基本相似,只是在位置、轴心和旋转操作上增加了 Z 轴,具有三个维度。

4.3.1 三维空间变换

单击 3D 功能按钮**3D**激活三维空间,在预览窗口中可以看到图像的变换轴向与二维空间的不同,如图 4-130 所示。

◀ 图 4-130 ▶

 提示

在预览窗口中显示的三个小圆圈，红色、绿色和蓝色分别代表围绕 X、Y、Z 三个轴向旋转，红色、绿色和蓝色三个小箭头代表位置的三个轴向 X、Y、Z。

1 3D 位置

素材图像在节目框中的位置由 3D 位置来控制，调整 X、Y、Z 的数值或者在预览窗口中直接拖曳都可以改变图像的位置，如图 4-131 所示。

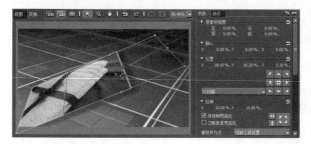 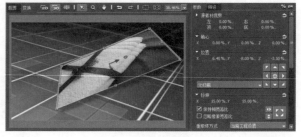

◀ 图 4-131 ▶

 提示

当鼠标指针放置于 X、Y 或 Z 箭头上变高亮显示时，可以单独沿该轴向移动位置。

在三维空间操作时，沿 Z 轴方向的位置变化，相当于改变图像距离我们的远近，如图 4-132 所示。

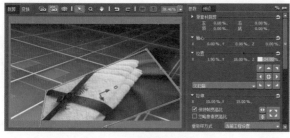 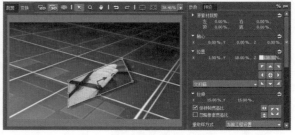

Z=34%   Z=-138%

◀ 图 4-132 ▶

展开位置控制面板，还可以选择 9 种快速位置控制的任意一种，使图像靠近边缘或居于中心位置，如图 4-133 所示。

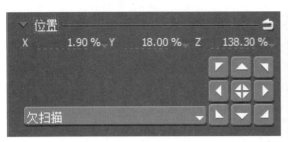

◀图 4-133▶

 提示

在选择位置控制点时，显示区域的选项不同，轴心的位置也会不同，如图 4-134 所示。

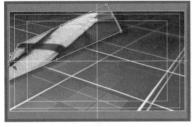 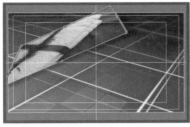 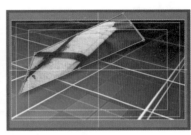

欠扫描 　　　　　　　　　过扫描 　　　　　　　　　字幕安全

◀图 4-134▶

 提示

当一个位置控制激活时，只有当选择另外的位置控制时才会激活新的选择。

2 3D 轴心

轴心的数值表示图像在预览窗口中显示的轴心点相对于位置坐标的 X、Y 和 Z 轴的位置。如果调整轴心点不在图像的中心位置，对图像进行旋转、拉伸和透视变换时会造成很严重的影响。以旋转为例，左图轴心在图像中心，右图轴心偏移图像中心，如图 4-135 所示。

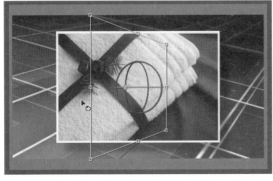

◀图 4-135▶

3 3D 旋转

旋转素材可以在预览窗口中直接拖曳旋转手柄，如图 4-136 所示。

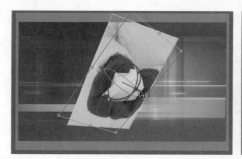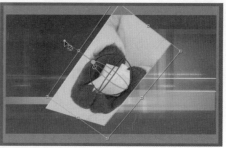

◀图 4–136 ▶

提示 红色、绿色和蓝色小圆圈代表 X、Y、Z 三个旋转轴向。

也可以在参数面板中调整 X、Y、Z 角度的数值或者拖曳旋钮，如图 4–137 所示。

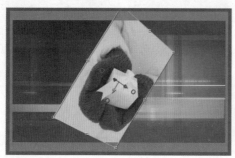

◀图 4–137 ▶

4 3D 透视

3D 透视用来控制图像的透视变形，可以调整数值或者拖曳透视滑块。

调整图像的透视数值并不改变图像沿某个轴向的角度，而是改变相对于图像的视角，如图 4–138 所示。

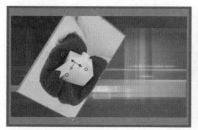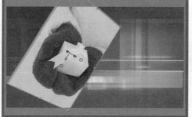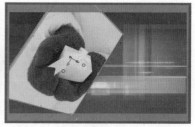

透视为 0   透视为 0.5   透视为 1

◀图 4–138 ▶

提示 如果图像没有进行 Y 轴、Z 轴的旋转，而是正对着视图，是不会产生透视变形的。

4.3.2 三维空间动画

在视频布局面板中的效果参数控制面板是用来控制关键帧的，包括源素材裁剪、位置、旋转、透视、可见度和颜色、边缘以及投影等参数，可进行关键帧的创建、复制、粘贴等操作，如图 4-139 所示。

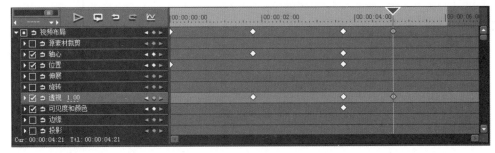

◀图 4-139▶

 提示　如果在效果控制面板中有些选项显示不完整，单击对应参数左侧的小三角按钮可以展开其中更多的参数。

展开详细的参数项，更方便于设置关键帧。比如展开位置参数项，就可以分别为 X、Y 和 Z 轴设置位置关键帧，如图 4-140 所示。

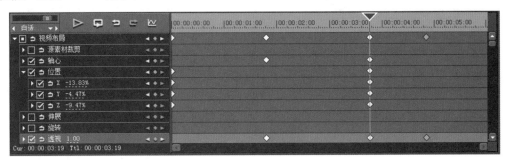

◀图 4-140▶

在三维空间模式下，可以设置关键帧的参数项如下。

（1）源素材裁剪：包括左、右、顶、底四个选项。

（2）轴心：包括 X、Y、Z 三个轴向。

（3）位置：包括 X、Y、Z 三个轴向。

（4）伸展：包括 X、Y 两个轴向。

（5）旋转：包括 X、Y、Z 三个轴向。

（6）透视：使素材产生透视变形的强度。

（7）可见度和颜色：包括素材不透明度、背景颜色和背景不透明度。

（8）边框：包括宽度和颜色。

（9）投影：包括投影的颜色、透明度、距离以及柔化等。

 提示　在 2D 模式下，不包括透视参数和位置、轴心和旋转变换的 Z 轴参数选项。

在三维空间模式下，创建图像的动画与二维模式没有区别。首先在时间线上选择素材片段，在信息面板中双击打开视觉布局窗口，激活 3D 变换属性，然后拖曳时间线指针到需要添加关键帧的位置，在效果控制面板中展开图像属性并激活该属性的关键帧☑，单击▶按钮添加关键帧。

提示 动画至少需要在同一属性中具有两个以上的关键帧，而且关键帧对应的参数设置应该不同。

一旦创建了关键帧，可以调整关键帧对应的参数值，在曲线视图中上下拖曳关键帧，或者调整左侧对应的属性参数值，如图 4-141 所示。

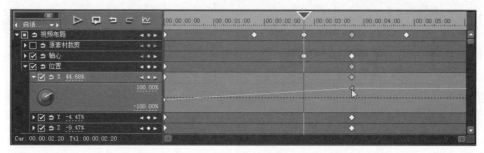

◀图 4-141▶

调整关键帧的参数值会改变运动的速度，如果改变关键帧的时间位置，也会影响运动的速度。选择关键帧可以通过左右拖曳移动来改变时间点，如图 4-142 所示。

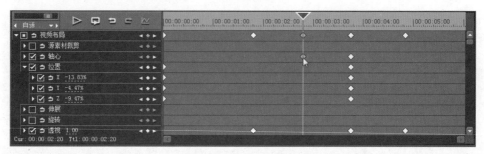

◀图 4-142▶

当调整了关键帧对应的参数值，或者调整了关键帧之间的间隔，都会改变动画的速度，另外还有一种改变两个关键帧之间动画速度的方法，就是应用关键帧插值模式，更自由地改变速度的方式是调整动画曲线的形状，曲线的陡与缓对应着速度的快和慢。

4.3.3 实例——飞云裳影音工社宣传片

为了更好地理解控制图像变换动画的技巧，接下来用一个小实例详细进行讲解。

这是一个 10 秒的小片头，利用视频布局属性制作关键帧动画，展示了影音工作室的宣传风格，如图 4-143 所示。

◀图 4-143▶

具体操作步骤如下。

1 新建工程，选择一个标清的工程预设，如图 4-144 所示。

◀ 图 4-144 ▶

2 创建一个渐变的色块，如图 4-145 所示。

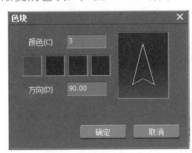

◀ 图 4-145 ▶

3 导入星光素材，添加到轨道 2V 上，打开视频布局面板，单击宽度拉伸按钮◀▶，如图 4-146 所示。

4 添加"手绘遮罩"滤镜，绘制一个矩形遮罩，并设置外部透明度和柔化参数，如图 4-147 所示。

◀ 图 4-146 ▶

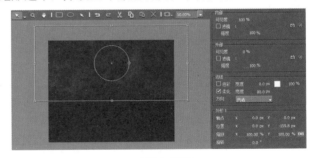

◀ 图 4-147 ▶

5 在信息面板中拖曳"手绘遮罩"到顶级，如图 4-148 所示。

6 再次创建一个渐变色块，如图 4-149 所示。

◀ 图 4-148 ▶

◀ 图 4-149 ▶

7 拖曳该色块到轨道 3V 上，添加"柔光模式"到混合轨，查看节目预览效果，如图 4-150 所示。

8 导入素材"燃烧的火焰"到素材库，双击该素材，在预览窗口中打开，设置入点和出点，如图 4-151 所示。

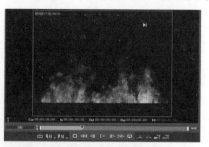

◀ 图 4-150 ▶   ◀ 图 4-151 ▶

9 拖曳该素材到轨道 4V 上，打开视频布局面板，激活 3D 属性，调整位置、拉伸和旋转参数，如图 4-152 所示。

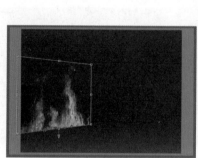

◀ 图 4-152 ▶

10 在 1 秒 10 帧处创建 Y 轴拉伸的关键帧，拖曳当前指针到起点，调整 Y 轴拉伸的参数值，如图 4-153 所示。

◀ 图 4-153 ▶

11 添加"滤色模式"到混合轨，拖曳当前时间线指针查看混合效果，如图 4-154 所示。

◀ 图 4-154 ▶

12 添加"手绘遮罩"滤镜，绘制一个矩形遮罩，并设置柔化等参数，如图 4-155 所示。

13 在信息面板中拖曳"手绘遮罩"到顶级，如图 4-156 所示。

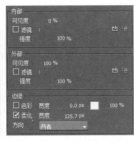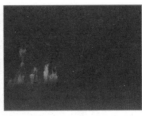

◀图 4-155 ▶　　　　　　　　　　　　◀图 4-156 ▶

14 在时间线上展开轨道 4V，激活 MIX，分别在 20 帧和 4 秒位置添加关键点，然后将第一个和最后一个关键点向下拖曳，创建淡入淡出的动画效果，如图 4-157 所示。

15 复制火焰片段，然后粘贴到轨道 5V 上，打开视频布局面板，调整位置和旋转参数，如图 4-158 所示。

◀图 4-157 ▶　　　　　　　　　　　　◀图 4-158 ▶

16 拖曳当前时间线指针，查看节目预览效果，如图 4-159 所示。

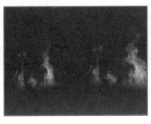

◀图 4-159 ▶

17 右键单击轨道 3V 标题栏，添加一条视频轨道，导入粒子素材，添加到轨道 4V 中，起点在 1 秒 20 帧，添加"相加模式"到混合轨，查看节目预览效果，如图 4-160 所示。

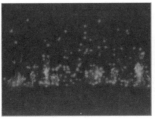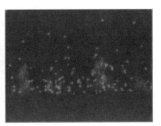

◀图 4-160 ▶

18 展开 MIX 轨，在 4 秒 20 帧处添加关键点，向下拖曳最后一个关键点，创建淡出效果。

19 新建一个序列，添加图片素材"门牌"到轨道 1VA 中，设置长度为 7 秒 15 帧，如图 4-161 所示。

20 打开视频布局面板，激活三维属性，调整位置、拉伸等参数，如图 4-162 所示。

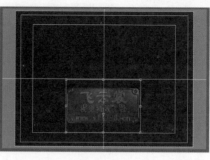

◀ 图 4-161 ▶ ◀ 图 4-162 ▶

21 在 1 秒 10 帧处创建位置和透明度属性的关键帧，拖曳当前指针到起点，调整位置和透明度参数，创建图像由远及近的动画，如图 4-163 所示。

◀ 图 4-163 ▶

22 拖曳当前时间线指针，查看图片的动画效果，如图 4-164 所示。

◀ 图 4-164 ▶

23 复制该素材，并粘贴到轨道 2V 中，然后调整视频布局参数，创建倒影效果，如图 4-165 所示。

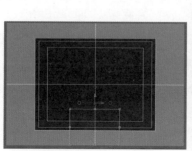

◀ 图 4-165 ▶

24 拖曳当前指针到起点，调整位置和不透明度参数的数值，如图 4-166 所示。

 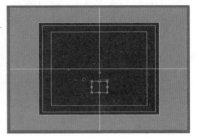

◀图 4-166▶

25 关闭视频布局面板，拖曳当前时间线指针，查看门牌的动画效果，如图 4-167 所示。

◀图 4-167▶

26 在时间线面板中激活"序列1"，右键单击轨道 3V 标题栏，添加一条视频轨道，将其从素材库中拖曳到轨道 4V 上，起点为 2 秒 10 帧，如图 4-168 所示。

27 打开视频布局面板，激活 3D 属性，拖曳当前指针到 3 秒 15 帧处，创建 Y 轴旋转的关键帧，如图 4-169 所示。

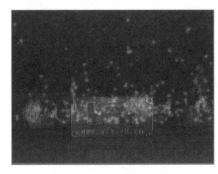 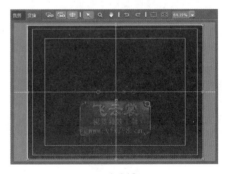

◀图 4-168▶　　　◀图 4-169▶

28 拖曳当前指针到 4 秒 15 帧，调整旋转参数值，创建图像的旋转动画，如图 4-170 所示。

◀图 4-170▶

29 关闭视频布局面板，拖曳当前时间线指针，查看节目预览效果，如图 4-171 所示。

◀ 图 4-171 ▶

30 选择"爆炸"转场特效，添加到"序列2"的末端，起点为 6 秒 12 帧，如图 4-172 所示。

31 打开转场特效面板，单击"图像"选项卡，在 3 秒 04 帧处设置不透明度的关键帧，数值为 100，终点调整数值为 0，如图 4-173 所示。

32 单击"位移"选项卡，在起点创建 Y 轴和 Z 轴位置的关键帧，拖曳当前指针到 2 秒，调整 Y 轴位置的数值为 10；拖曳当前指针到终点，调整 Z 轴位置的数值为 500，如图 4-174 所示。

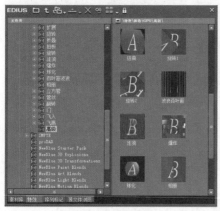  

◀ 图 4-172 ▶　　　　　　　◀ 图 4-173 ▶　　　　　　　◀ 图 4-174 ▶

33 单击"确定"按钮，关闭转场控制面板，拖曳当前时间线指针，查看节目预览效果，如图 4-175 所示。

◀ 图 4-175 ▶

34 创建一个字幕，设置字体、字号、颜色、边缘以及阴影等参数，如图 4-176 所示。

 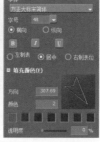  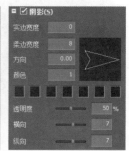

◀ 图 4-176 ▶

35 拖曳字幕素材到轨道 5V 上，起点为 9 秒，终点为 12 秒。

36 打开视频布局面板，激活 3D 属性，调整轴心和位置参数，并在 20 帧处创建位置关键帧，如图 4-177 所示。

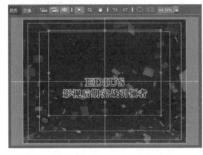

◀ 图 4-177 ▶

37 拖曳当前指针到起点，调整位置参数，创建新的关键帧，如图 4-178 所示。

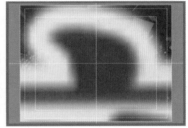

◀ 图 4-178 ▶

38 单击"确定"按钮关闭视频布局面板。拖曳当前时间线指针，查看节目的预览效果，如图 4-179 所示。

39 在时间线的顶层添加两条视频轨道。导入图片"光斑"，添加到轨道 8V 上，起点在 2 秒 10 帧，添加"相加模式"到混合轨，如图 4-180 所示。

◀ 图 4-179 ▶   ◀ 图 4-180 ▶

40 打开视频布局面板，调整轴心、位置和拉伸参数，并在 1 秒 10 帧处设置关键帧，如图 4-181 所示。

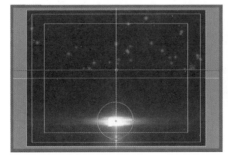

◀ 图 4-181 ▶

41 拖曳当前指针到起点，调整位置和伸展参数，创建新的关键帧，如图 4-182 所示。

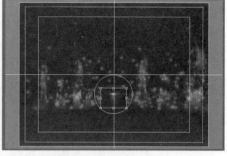

◀ 图 4-182 ▶

42 拖曳当前指针到 16 帧，调整位置和伸展参数，再次创建关键帧，如图 4-183 所示。

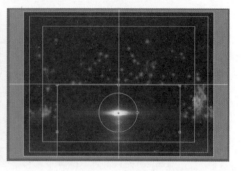

◀ 图 4-183 ▶

43 关闭视频布局面板，拖曳当前时间线指针，查看节目预览效果，如图 4-184 所示。

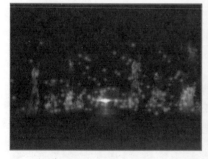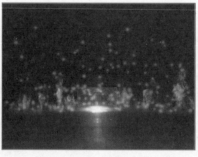

◀ 图 4-184 ▶

44 添加 YUV 曲线滤镜，调整曲线，如图 4-185 所示。

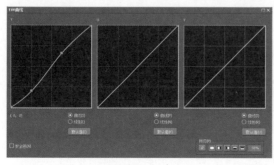

◀ 图 4-185 ▶

45 导入动态炫光背景素材，添加到轨道 9V 上，添加"相加模式"到混合轨，如图 4-186 所示。

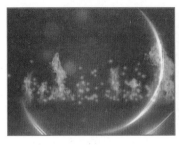

◀图 4-186▶

46 添加 YUV 曲线滤镜，调整曲线，稍增加对比度，如图 4-187 所示。

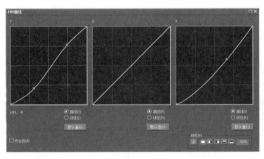

◀图 4-187▶

47 导入音频素材"001.wav"，添加到轨道 1A 中，使素材的末端与节目的终点对齐。

48 至此，整个影片制作完成，单击播放按钮▶，查看节目预览效果，如图 4-188 所示。

◀图 4-188▶

4.4 速度调整

在后期工作中，经常会根据节奏调整素材的速度或者图像变换的速度，实现快慢的转换，有时还会创建一种在运动之后停滞的效果。下面将详细讲解在 EDIUS 7 中调速的技巧。

4.4.1 素材调速

首先介绍素材的调速，方法很简单，只需要在轨道上选择需要调速的片段，单击鼠标右键，从弹出的菜单中选择"时间效果"|"速度"命令，在弹出的"素材速度"对话框中调整比率或长度即可，如图 4-189 所示。

◀图 4-189▶

单击"场选项"按钮，弹出"场选项"对话框，如图 4-190 所示。

如果要使素材的速度变快，可将比率的数值增大，超过 100%，如图 4-191 所示。

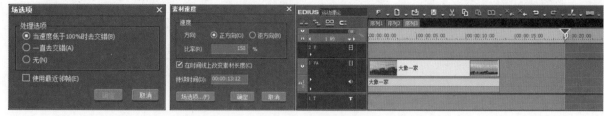

◀ 图 4-190 ▶　　　　　　　　　　　◀ 图 4-191 ▶

如果要使素材反方向播放，可将比率的数值变为负数，如图 4-192 所示。

在时间效果中还有一个更高级的调整素材速度的效果，那就是"时间重映射"，其控制面板如图 4-193 所示。

单击"场选项"按钮，弹出"场选项"对话框，如图 4-194 所示。

◀ 图 4-192 ▶　　　　　　　◀ 图 4-193 ▶　　　　　　　◀ 图 4-194 ▶

在"时间重映射"控制面板中，上面的时间线对应节目的时间线，下面的时间对应源素材的时间进度，如图 4-195 所示。

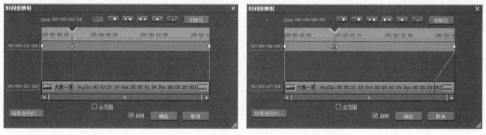

◀ 图 4-195 ▶

在时间线上选择一段素材，拖曳当前指针到某一特定的画面，设置标记点，如图 4-196 所示。

◀ 图 4-196 ▶

单击鼠标右键，从弹出的菜单中选择"时间效果" | "时间重映射"命令，在弹出的"时间重映射"控制面板中添加关键点，向前拖曳下面素材的时间线指针，原来对应标记点的画面就改变了，如图 4-197 所示。

◀ 图 4–197 ▶

要重新找到原来标记的画面，向后拖曳节目的时间线指针即可，如图 4–198 所示。

◀ 图 4–198 ▶

要调整素材速度，可以通过在"时间重映射"控制面板中添加多个关键点使速度变得不再均匀，也可以使画面停止在某个时间点，实现典型的抽帧与静帧效果。

4.4.2 抽帧与静帧

通过控制时间重映射的关键帧，很容易实现抽帧和静帧效果，也可以更方便地应用"冻结帧"命令实现静帧效果。

首先拖曳当前时间线指针到需要静帧效果的位置，然后右键单击该素材，从弹出的菜单中选择"时间效果"｜"冻结帧"命令，在下拉菜单中选择"在指针之前"或"在指针之后"命令，如图 4–199 所示。

◀ 图 4–199 ▶

该素材片段会自动在当前指针位置分裂成两个片段，拖曳当前指针，查看冻结帧效果，如图 4–200 所示。

◀ 图 4–200 ▶

右键单击该素材，从弹出的菜单中选择"时间效果"｜"冻结帧"｜"设置"命令，弹出"冻结帧"

设置面板，如图 4-201 所示。

下面是在"时间重映射"控制面板中通过关键帧的设置来实现冻结帧效果的，如图 4-202 所示。

◀ 图 4-201 ▶   ◀ 图 4-202 ▶

冻结帧效果是将素材中的一段视频停止于某一特定的画面，而抽帧效果则是每隔特定的时间变换一次画面的效果，应用视频滤镜组中的"闪光灯 / 冻结"滤镜，如图 4-203 所示。

在时间线上选择一段素材，添加"闪光灯 / 冻结"滤镜，然后打开该滤镜的控制面板，如图 4-204 所示。

调整"周期"和"持续时间"等参数，如图 4-205 所示。

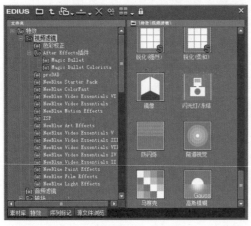 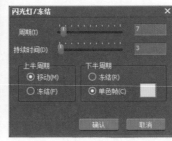 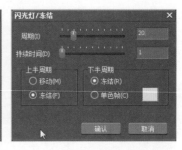

◀ 图 4-203 ▶   ◀ 图 4-204 ▶   ◀ 图 4-205 ▶

单击播放按钮▶，查看节目预览效果，就出现了抽帧效果，每隔 20 帧更换一帧画面，如图 4-206 所示。

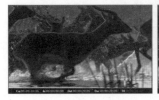   

◀ 图 4-206 ▶

如果在上半周期选择为"移动"，同时设置持续时间的数值，如图 4-207 所示。

单击播放按钮▶，查看节目预览效果，就会出现很有趣的动画和静止交替运动效果。

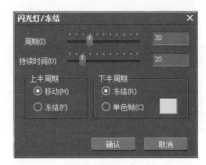

◀ 图 4-207 ▶

4.5 实例——浪漫之旅

这是一个通过组织婚纱照片并设置图片运动制作婚庆视频的实例，配合花饰元素本身的动画与照片的运动创建了空间感和层次感，如图 4-208 所示。

◀ 图 4-208 ▶

具体操作步骤如下。

4.5.1 制作镜头 1

1 创建一个新的工程，选择一个标清的工程预设，如图 4-209 所示。

2 导入几张照片和动态背景素材，如图 4-210 所示。

◀ 图 4-209 ▶

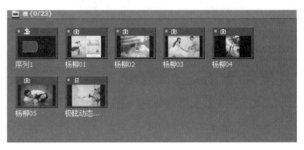

◀ 图 4-210 ▶

3 拖曳图片"杨柳 01"到时间线面板的轨道 2V 上，设置长度为 7 秒。

4 在素材库中单击鼠标右键，从弹出的菜单中选择"新建素材"|"QuickTitler"命令，打开字幕编辑器，绘制圆角矩形，设置填充和边缘的颜色，如图 4-211 所示。

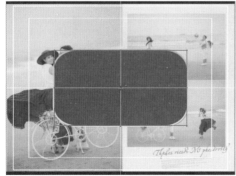

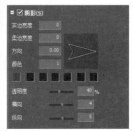

◀ 图 4-211 ▶

5 拖曳该字幕到视频轨道 1VA 上。

6 在素材库中双击打开该字幕，在字幕编辑器中设置填充颜色栏的透明度为 100%，关闭阴影选项，如图 4-212 所示。

7 拖曳该字幕到视频轨道 3V 上，查看节目预览效果，如图 4-213 所示。

◀ 图 4-212 ▶

◀ 图 4-213 ▶

8 在时间线上选择图片"杨柳 01"，添加"轨道遮罩"到混合轨，并打开"轨道遮罩"控制面板，设置滤镜参数，如图 4-214 所示。

9 选择轨道 3V 上的字幕素材，打开视频布局面板，激活 3D 属性，设置比例为 77.4%。如图 4-215 所示。

◀ 图 4-214 ▶

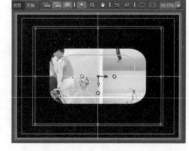

◀ 图 4-215 ▶

10 从信息面板中拖曳"视频布局"到轨道 1VA 上的字幕，这两个素材应用相同的变换参数。

11 选择轨道 2V 上的照片素材，打开视频布局面板，激活 3D 属性，设置比例为 30.2%，如图 4-216 所示。

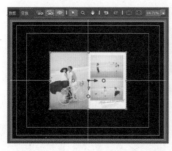

◀ 图 4-216 ▶

12 选择轨道 3V 上的字幕素材，打开视频布局，设置位置关键帧，创建动画。首先拖曳当前指针到 3 秒处，创建位置的关键帧。

13 拖曳当前指针到起点，调整位置参数，如图 4-217 所示。

14 拖曳当前指针到 4 秒 15 帧，创建位置关键帧，参数与 3 秒时相同。

15 拖曳当前指针到终点，调整位置参数，如图 4-218 所示。

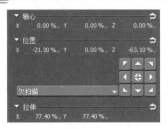 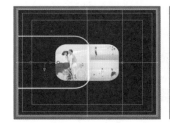 

◀图 4-217▶　　　　　　　　　　　　　◀图 4-218▶

16 关闭并保存视频布局面板，查看节目预览效果，如图 4-219 所示。

◀图 4-219▶

17 从信息面板中拖曳"视频布局"到轨道 1VA 中的字幕素材上，这两个素材应用相同的变换动画。查看节目预览效果，如图 4-220 所示。

◀图 4-220▶

18 从信息面板中拖曳"视频布局"到轨道 2V 中的照片素材上，这两个素材应用相同的位置动画。查看节目预览效果，如图 4-221 所示。

◀图 4-221▶

19 需要调整照片素材的比例为 30.2%，查看节目预览效果，如图 4-222 所示。

◀图 4-222▶

20 导入动态花饰素材 Extension_01、Extension_07 和 Extension_19。

21 在素材库中双击 Extension_01，在起点位置设置入点，在 7 秒位置设置出点，添加该素材到轨道 4V 上。

22 在时间线面板中右键单击该片段，从弹出的菜单中选择"时间效果"|"时间重映射"命令，在"时间重映射"面板中添加并设置关键帧，如图 4-223 所示。

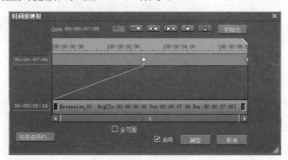

◀ 图 4-223 ▶

23 在时间线面板中单击轨道 3V 上的字幕素材，从信息面板中拖曳视频布局到轨道 4V 中的花饰素材上，应用相同的变换参数。查看节目预览效果，如图 4-224 所示。

◀ 图 4-224 ▶

24 选择轨道 4V 中的花饰素材，打开视频布局面板，调整轴心、比例和旋转参数，如图 4-225 所示。

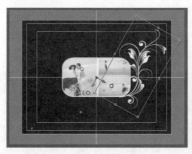

◀ 图 4-225 ▶

25 单击播放按钮▶，查看节目预览效果，如图 4-226 所示。

◀ 图 4-226 ▶

26 创建一个色块素材，设置渐变颜色，如图 4-227 所示。

27 拖曳到轨道 5V 上，添加"轨道遮罩"到混合轨，设置该滤镜的参数，如图 4-228 所示。

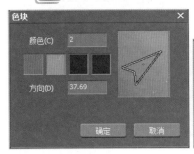

◀图 4-227▶   ◀图 4-228▶

28 在素材库中双击 Extension_07，在起点位置设置入点，在 7 秒位置设置出点，添加该素材到轨道 6V 上。

29 在时间线面板中右键单击该片段，从弹出的菜单中选择"时间效果"|"时间重映射"命令，在"时间重映射"控制面板中添加并设置关键帧，如图 4-229 所示。

30 在时间线面板中单击轨道 3V 上的字幕素材，从信息面板中拖曳视频布局到轨道 4V 中的花饰素材上，应用相同的变换参数。

31 选择轨道 4V 中的花饰素材，打开视频布局面板，调整轴心、比例和旋转参数，如图 4-230 所示。

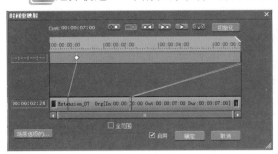

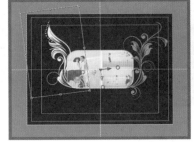

◀图 4-229▶   ◀图 4-230▶

32 拖曳色块到轨道 7V 上，添加轨道遮罩到混合轨，设置参数，如图 4-231 所示。

◀图 4-231▶

33 查看节目预览效果，如图 4-232 所示。

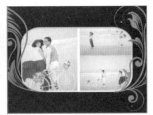

◀图 4-232▶

4.5.2 制作其余镜头

1 在素材库中复制序列 1，自动命名为序列 1–（1），双击该序列打开时间线。

2 在素材库中右键单击图片素材"杨柳 02"，从弹出的菜单中选择"复制"命令，在时间线上单击轨道 2V 中的图片素材，然后单击时间线顶部的替换按钮，从下拉菜单中选择"素材"命令，将该轨道的素材替换成新的素材，如图 4–233 所示。

3 使用同样的方法，用花饰素材 Extension_19 替换轨道 6V 中的 Extension_07，打开视频布局面板，调整轴心和旋转参数，如图 4–234 所示。

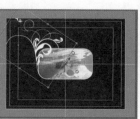

◀图 4–233▶ ◀图 4–234▶

4 查看节目预览效果，如图 4–235 所示。

◀图 4–235▶

5 在素材库中复制序列 1–（1），重命名为序列 1–（2）。双击该序列，打开其时间线面板。

6 选择轨道 6V 中的片段，打开视频布局面板，调整轴心和旋转参数，如图 4–236 所示。

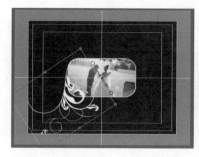

◀图 4–236▶

7 拖曳时间线指针，查看节目预览效果，如图 4–237 所示。

◀图 4–237▶

⑧ 选择轨道 4V 中的片段，打开视频布局面板，调整轴心和旋转参数，如图 4-238 所示。

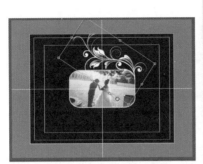 

◀ 图 4-238 ▶

⑨ 拖曳时间线指针，查看节目预览效果，如图 4-239 所示。

◀ 图 4-239 ▶

⑩ 在素材库中复制序列 1-（2），重命名为序列 1-（3）。双击该序列，打开其时间线面板。

⑪ 在素材库中双击动态花饰素材 Flourish_12，在素材预览窗口中设置入点和出点，如图 4-240 所示。

⑫ 激活轨道 6V 中的片段，单击 按钮，选择下拉菜单中的"素材"命令，替换掉该素材。

⑬ 打开视频布局面板，调整轴心和旋转参数，如图 4-241 所示。

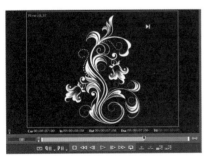 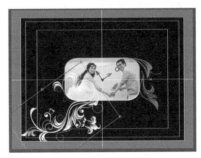

◀ 图 4-240 ▶　　　　　　　　　　　◀ 图 4-241 ▶

⑭ 右键单击轨道 3V 的标题栏，从弹出的菜单中选择"添加"｜"在上方添加视频轨道"命令，添加两个视频轨道。

⑮ 选择轨道 6V、7V 上的片段，复制并粘贴到新增的轨道 4V 和 5V 中。

⑯ 激活轨道 6V 中的片段，单击 按钮，选择下拉菜单中的"素材和滤镜"命令，替换掉该素材。查看时间线上的素材分布情况，如图 4-242 所示。

◀ 图 4-242 ▶

17 拖曳时间线指针，查看节目预览效果，如图 **4-243** 所示。

◀ 图 4-243 ▶

4.5.3 最后合成

1 新建一个序列，命名为"最后合成"，导入一段背景音乐"055.wav"到音频轨道。

2 导入动态背景素材"极炫动态背景 27"到时间线的轨道 1VA 上，长度为 30 秒。

3 添加"焦点柔化"滤镜，并调整滤镜参数，如图 **4-244** 所示。

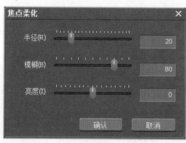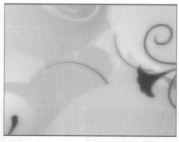

◀ 图 4-244 ▶

4 添加 YUV 曲线滤镜，调整素材的色调，如图 **4-245** 所示。

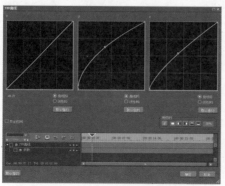

◀ 图 4-245 ▶

5 从素材库中拖曳序列 1、序列 1-（1）、序列 1-（2）、序列 1-（3）到序列 5 的时间线中，首尾有 20 帧的重叠，如图 4-246 所示。

◀ 图 4-246 ▶

6 在时间线上延长最后一个片段的尾端至 30 秒，此时在延长部分并不能看到图像。右键单击该片段，从弹出的菜单中选择"时间效果"│"时间重映射"命令，在弹出的对话框中设置最后一个关键帧的数值，如图 4-247 所示。

◀ 图 4-247 ▶

7 创建一个字幕，设置字体、填充和阴影参数，如图 4-248 所示。

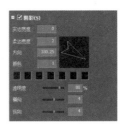

◀ 图 4-248 ▶

8 添加该字幕到 T 轨上，长度为 5 秒 10 帧，添加淡入转场特效，如图 4-249 所示。

◀ 图 4-249 ▶

9 因为该序列嵌套了过多的素材和运动，可能不会实时预览。单击 按钮，从弹出的下拉菜单中选择"渲染入点 / 出点" | "渲染满载区域"命令，弹出渲染进度指示，如图 4-250 所示。

◀ 图 4-250 ▶

10 等渲染完成，单击播放按钮 ，查看节目预览效果，如图 4-251 所示。

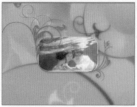

◀ 图 4-251 ▶

4.6 本章小结

本章主要讲解 EDIUS 7 中控制图层运动的技巧。在视频布局窗口中，可设置素材的位置、角度、大小以及透明度等属性来创建关键帧，不仅可创建二维空间的动画，还可以创建三维空间中的动画，从而丰富了素材的变换效果，通过制作一个浪漫之旅的婚礼片头，详细讲解了应用运动特效来创建后期效果的思路和方法。

第5章

转场特技

转场是指两段素材之间，采用一定的技巧如划像、叠变、卷页等，实现场景或情节之间的平滑过渡，或达到丰富画面吸引观众的效果，使剪辑的画面更加富于变化，更加生动多姿。EDIUS 拥有数量丰富的转场，在特效面板的转场目录中，包括 2D、3D 以及插件在内，其自带的转场效果可达数百种。添加到时间线上的转场特效不仅可以调整时间长度，还有着十分丰富的参数选项，给剪辑师提供了无限的灵活性和创造性。

5.1　视频转场概述

构成电视片的最小单位是镜头，一个个镜头连接在一起形成的镜头序列叫作段落。每个段落都具有某个单一的、相对完整的意思，如表现一个动作过程，表现一种相关关系，表现一种含义等。它是电视片中一个完整的叙事层次，就像戏剧中的幕，小说中的章节一样，一个个段落连接在一起，就形成了完整的电视片。因此，段落是电视片最基本的结构形式，电视片在内容上的结构层次是通过段落表现出来的。而段落与段落、场景与场景之间的过渡或转换，就叫作转场。

在分镜头设计中，转场意味着空间的改变和时间的变化。此时，影片的逻辑和画面内容的跳跃都比较明显，因此，需要一定的转场方式使之连贯自然。整体而言，我们可以将转场方式分为特技转场和无特技转场两大类。

随着电脑技术的发展，特技在镜头的组接和画面的表现方面越来越多地被使用。EDIUS 内置了丰富的转场特效，还可以根据个人喜好和需要安装插件。在特效面板中展开转场特效组，可以查看和选择合适的特效，如图 5-1 所示。

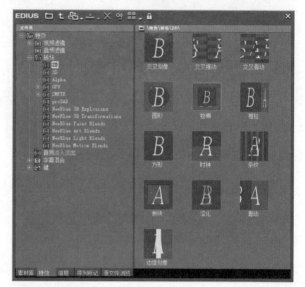

◀ 图 5-1 ▶

5.1.1　2D 转场组

2D 转场组中包括 13 个转场特效，如图 5-2 所示。

选择其中一个转场特效，拖曳到时间线上两个片段之间，即可添加转场，如图 5-3 所示。

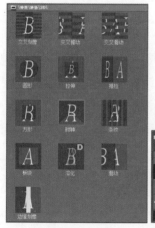

◀ 图 5-2 ▶

◀ 图 5-3 ▶

在时间线上选择一个片段，然后单击时间线顶端的工具按钮▓，可以快速添加默认的转场特效。

单击该工具右侧的小三角，也可以选择其他的菜单，将以不同的方式添加默认转场，如图 5-4 所示。

默认转场的设置也很简单，只需在特效面板中展开转场特效组，右键单击要设置为默认转场的特效，从弹出的菜单中选择"设置为默认特效"命令，该特效缩略图上会标有 D 字样，如图 5-5 所示。

◀ 图 5-4 ▶　　　　　　　　　　　　　　　　◀ 图 5-5 ▶

在时间线上单独为一个片段的首端和末端添加转场，拖曳转场特效到片段的混合轨上即可，如图 5-6 所示。

◀ 图 5-6 ▶

在时间线上添加了转场特效，双击该特效或者单击鼠标右键，从弹出的菜单中选择"设置"命令，可以在打开的特效控制面板中进行必要的参数设置。

除了一些较特殊的转场，大部分转场设置面板的选项都有共同之处，我们以 2D 转场组中的"拉伸"特效为例，简单介绍一下转场的控制面板，如图 5-7 所示。

"参数"面板中包含三部分，第一部分是转场变换的方向；第二部分是"边框"的颜色、宽度等参数的设置；第三部分为"边框"参数的关键帧设置。

◀ 图 5-7 ▶

单击"通用"选项卡，其中包含"启用过扫描处理"和"逆序渲染"两个选项，如图 5-8 所示。

勾选和不勾选"启用过扫描处理"，应用转场特效的素材在边缘的表现会有所不同，如图 5-9 所示。

◀ 图 5-8 ▶　　　　　　　　　　　　　　　　◀ 图 5-9 ▶

单击顶部的按钮 ⊙，切换到转场的一个很重要的面板，包含转场预设、进展时间线等，如图 5-10 所示。

单击"预设"下面的长条，从下拉菜单中可以选择不同的预设，如图 5-11 所示。

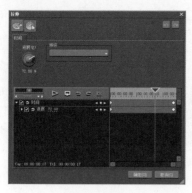

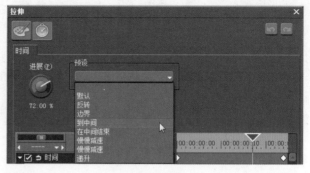

◀ 图 5-10 ▶　　　　　　　　　　　　　　　　　　◀ 图 5-11 ▶

当选择了不同的转场预设，"进展"时间线上的关键帧分布和运动曲线也会不同，反馈到节目预览窗口中的图像也会相应变化，如图 5-12 所示。

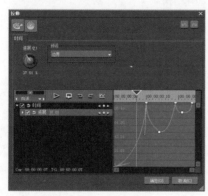

◀ 图 5-12 ▶

下面以两段素材应用不同的转场特效，介绍 2D 转场特效的效果，如图 5-13 所示。

◀ 图 5-13 ▶

（1）交叉划像：A、B 视频都不动，它们的可见区域作条状穿插，如图 5-14 所示。

（2）交叉推动：A、B 视频作条状穿插，如图 5-15 所示。

特效控制　　　　　　　　处理效果　　　　　　　　特效控制　　　　　　　　处理效果

◀ 图 5-14 ▶　　　　　　　　　　　　　　　　　　◀ 图 5-15 ▶

（3）交叉滑动：A 视频不动，B 视频作条状穿插，如图 5-16 所示。

（4）圆形：转场形式是各种形式的圆形，如图 5-17 所示。

特效控制　　　　　　　处理效果　　　　　　　特效控制　　　　　　　处理效果

◀图 5-16▶　　　　　　　　　　　　　　　◀图 5-17▶

（5）拉伸：视频由小变大或者由大变小，如图 5-18 所示。

特效控制　　　　　　　　　　处理效果

◀图 5-18▶

（6）推拉：A、B 视频各自压缩或延展，看上去就像一个把另一个"推出去"，如图 5-19 所示。

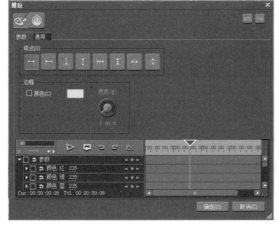

特效控制　　　　　　　　　　处理效果

◀图 5-19▶

（7）方形：转场形式是各种形式的矩形，如图 5-20 所示。

（8）时钟：转场形式类似时针的走向，如图 5-21 所示。

特效控制　　　　　　　处理效果　　　　　　　特效控制　　　　　　　处理效果

◀ 图 5-20 ▶　　　　　　　　　　　　　◀ 图 5-21 ▶

（9）条纹：转场形式为各种角度的条纹，如图 5-22 所示。

（10）板块：转场类似一个矩形运动的轨迹，如图 5-23 所示。

特效控制　　　　　　　处理效果　　　　　　　特效控制　　　　　　　处理效果

◀ 图 5-22 ▶　　　　　　　　　　　　　◀ 图 5-23 ▶

（11）溶化：这是最常用的转场，如图 5-24 所示。

特效控制　　　　　　　　　　　　处理效果

◀ 图 5-24 ▶

（12）滑动：采用各种各样的划像方式，如图 5-25 所示。

（13）边缘划像设置及效果如图 5-26 所示。

特效控制	处理效果	特效控制	处理效果

◀ 图 5-25 ▶　　　　　　　　　　◀ 图 5-26 ▶

5.1.2　3D 转场组

3D 转场组中包括 13 个转场特效，如图 5-27 所示。

大部分转场设置面板的选项都有共同之处，下面以 3D 转场组中的"卷页"特效为例，简单介绍一下转场的控制面板，如图 5-28 所示。

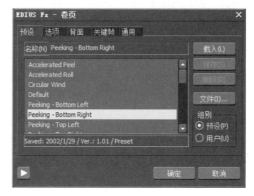

◀ 图 5-27 ▶　　　　　　　　　　◀ 图 5-28 ▶

1）预设

打开设置面板以后，首先看到的就是预设列表，几乎所有的转场都准备了很多效果预设，用户只需要双击其中的一项即可应用到自己的影片里。单击底部的播放按钮▶，可以在节目预览窗口中查看选择转场的动画效果。

2）选项

每个滤镜由于各自的效果不同，这一部分涉及的内容也相应不同。转场的形式主要由这里的选项控制（注意项目选项卡的数量和种类也会不同），如图 5-29 所示。

3）背面

指定卷页背面的图像，如图 5-30 所示。

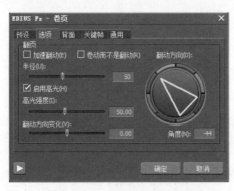
◀ 图 5-29 ▶

◀ 图 5-30 ▶

4）关键帧

这个选项卡的内容相对较为统一，通过关键帧来调节转场完成的百分比。在图表中，横轴表示时间，纵轴表示百分比，如图 5-31 所示。

单击"预设"栏的下拉按钮 ，可以选择关键帧曲线形式的预设，EDIUS 提供了几种已设置好的关键帧曲线样式，如图 5-32 所示。

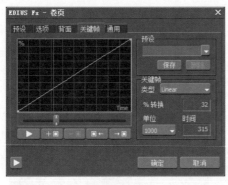
◀ 图 5-31 ▶

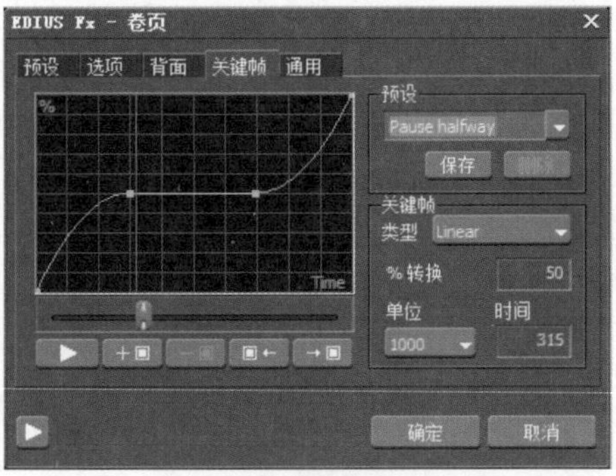

◀ 图 5-32 ▶

▶ Bounce twice：弹跳两次，即两段视频切换两次。

▶ Default：默认，即初始时的一条斜线，表示转场时间内由一段视频匀速变换到另一段视频。

▶ Half way then back：半程返回，即转场进行到一半时，再转回原来的视频。

▶ Pause halfway：半程暂留，即转场进行到一半时，先停止转换一段时间，再接着完成转场。

▶ Slow down：减缓，即转场速度是一个减速曲线。

▶ Speed up：加速，即转场速度是一个加速曲线。

▶ Stepwise bounce：阶跃，阶段性反复重复转场过程。

单击"关键帧类型"对应的下拉按钮 ，弹出关键帧的插值类型，如图 5-33 所示。

关键帧补间类型通过选择一段曲线端点的曲率来调节曲线形状，进而调节转场进行的速度变化节奏。

▶ Linear：线性。直线过渡，表示匀速变换。

▶ Ease In：入点平缓。点的入点处曲率大，曲线平缓，速度变化慢；出点处曲率小，曲线陡峭，速度变化快。

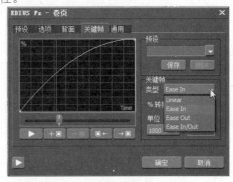
◀ 图 5-33 ▶

▶ Ease Out：出点平缓。点的出点处曲率大，曲线平缓，速度变化慢；入点处曲率小，曲线陡峭，速度变化快。

▶ Ease In / Out：入 / 出点平缓。点的入点和出点处曲率都大，曲线呈一个 S 形，表示速度有一个加速和减速过程。

转场完成度：0% 为完全是前一段视频，100% 为完全是后一段视频，即转场完成。

显示单位 / 当前关键帧时间：显示当前关键帧的信息，有两种显示单位，即 1000 或者实际的帧数。选择 1000，表示无论转场实际时间是多少，EDIUS 将其平均分成 1000 份；选择帧，则显示当前关键帧所处的实际帧数。

5）通用

这个选项卡中有一个实用的复选框"启用过扫描处理"，如图 5-34 所示。

下面以两段素材应用不同的转场特效，介绍 2D 转场特效的效果，如图 5-35 所示。

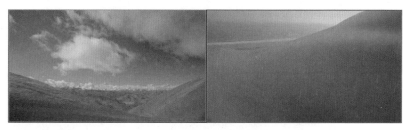

◀图 5-34▶　　　　　　　　　　　　◀图 5-35▶

（1）3D 溶化：叠化时，视频可以进行 3D 空间运动，如图 5-36 所示。

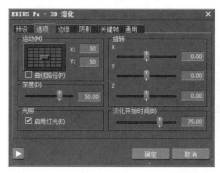　　　

特效控制　　　　　　　　　　　处理效果

◀图 5-36▶

（2）单门：传统的"单开门"转场，也是一种较为常见的转场方式，如图 5-37 所示。

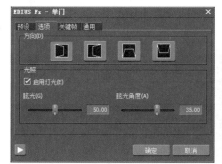　　　

特效控制　　　　　　　　　　　处理效果

◀图 5-37▶

（3）卷页：是一个传统的卷页效果，如图 5-38 所示。

特效控制　　　　　　　　　　　　　　处理效果

◀ 图 5-38 ▶

（4）卷页飞出：即一个视频的页面卷开，并飞出／飞入，如图 5-39 所示。

特效控制　　　　　　　　　　　　　　处理效果

◀ 图 5-39 ▶

（5）双门："双开门"的转场是一种较为常见的转场方式，如图 5-40 所示。

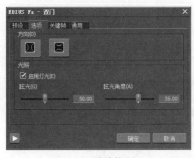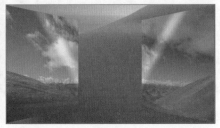

特效控制　　　　　　　　　　　　　　处理效果

◀ 图 5-40 ▶

（6）双页：两片卷页方式的转场，如图 5-41 所示。

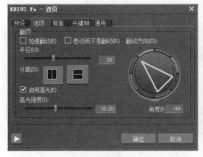

特效控制　　　　　　　　　　　　　　处理效果

◀ 图 5-41 ▶

（7）四页：四片卷页方式的转场，如图 5-42 所示。

特效控制

处理效果

◀图 5-42▶

（8）球化：A、B 视频其中之一变为球状在 3D 空间运动，如图 5-43 所示。

特效控制

处理效果

◀图 5-43▶

（9）百叶窗：3D 空间的"百叶窗"转场效果，如图 5-44 所示。

特效控制

处理效果

◀图 5-44▶

（10）立方体：将 A、B 视频贴在 3D 空间旋转的立方体表面上，如图 5-45 所示。

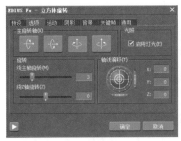
特效控制

处理效果

◀图 5-45▶

（11）翻转：将 A、B 视频分别"贴"在一块"平面"的正反两侧，通过 3D 空间内的翻转，完成转场过程，如图 5-46 所示。

特效控制

处理效果

◀ 图 5-46 ▶

（12）翻页：A、B 视频处于页面的正反两侧，通过翻转页面完成转场，如图 5-47 所示。

特效控制

处理效果

◀ 图 5-47 ▶

（13）飞出：让一段视频"飞走"或"飞入"，如图 5-48 所示。

特效控制

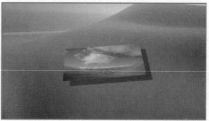
处理效果

◀ 图 5-48 ▶

5.1.3　Alpha 转场

在 Alpha 转场组中，只有一个"Alpha 自定义图像"选项。用户可以载入一张自定义的图片，作为 Alpha 信息控制转场的方式，属于 2D 类效果转场，如图 5-49 所示。

该转场特效的控制面板包含 5 个选项卡，如图 5-50 所示。

◀ 图 5-49 ▶

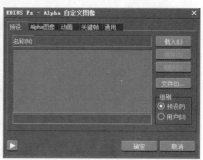
◀ 图 5-50 ▶

在"预设"选项卡中可以导入效果预设文件。

单击"Alpha 图像"选项卡，可以导入一张位图，也可以设置加速度和边框的颜色，如图 5-51 所示。

◀图 5-51▶

Alpha 转场的实质就是： Alpha 位图原本是一张全白的图（只有 A 视频），根据用户指定图片的明暗信息，先将图片中的暗色部分叠化出来（B 视频从黑色部分先"露"出来），再将亮色部分叠化为黑色（转场完成）。

▶ 锐度：Alpha 位图明暗交界的锐度，换句话说就是图片的对比度。若对比度小，明暗过渡灰度级丰富，则转场效果柔和。

▶ 加速度：控制明暗过渡速度的变化程度。

▶ 启用边框色彩：勾选该复选框可以设置边框的颜色，如图 5-52 所示。

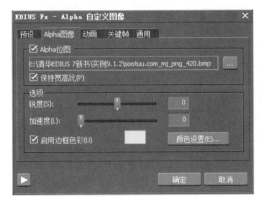

◀图 5-52▶

单击"动画"选项卡，可以选择动画的样式并设置相关参数，如图 5-53 所示。

单击"关键帧"选项卡，可以选择关键帧预设和插值类型，如图 5-54 所示。

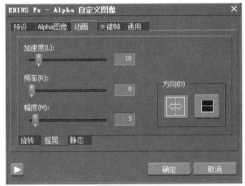

◀图 5-53▶

◀图 5-54▶

单击"通用"选项卡，可以设置渲染选项，如图5-55所示。

下面以两段素材为例，添加"Alpha自定义图像"转场，并指定位图和边框颜色。查看转场的动画效果，如图5-56所示。

◀ 图5-55 ▶

◀ 图5-56 ▶

5.1.4 GPU转场组

GPU转场样式非常丰富，包括22个转场特效组，每个组中又包含多个转场特效，如图5-57所示。

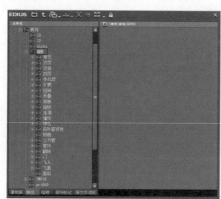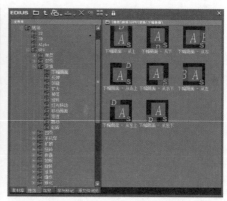

◀ 图5-57 ▶

每一种转场特效都包含复杂的设置选项，不过这些参数控制面板是相似的，只是因为转场动画的方式不同，个别参数不尽相同而已。以"单页"组中的"3D翻入—从右上"为例，默认的控制面板为时间控制面板，单击预设对应的下拉按钮，可以从中选择预设的运动方式，如图5-58所示。

◀ 图5-58 ▶

选择不同的预设方式，在"进展"属性的关键帧和动画曲线也会有所不同，如图 5-59 所示。

◀ 图 5-59 ▶

单击 按钮，展开更详细的参数控制面板，包含 5 个选项卡，即"参数"、"图像"、"位移"、"光照"和"其他设置"，如图 5-60 所示。

在"参数"选项卡中，可以设置翻转的角度、半径以及进展的数值，也可以设置关键帧，创建转场动画。

单击"图像"选项卡，可以指定背景的图像或颜色，也可以设置边缘的颜色以及图像的不透明度，如图 5-61 所示。

◀ 图 5-60 ▶   ◀ 图 5-61 ▶

 提示　单击背面色彩遮罩的色块，可以更换颜色。

选择"视频 A"或"视频 B"选项将在翻转图像的背面显示指定的图像及显示图像的方向，如图 5-62 所示。

◀ 图 5-62 ▶

勾选"边缘"复选框，设置边缘的颜色和转角样式，也可以设置边缘的厚度，如图 5-63 所示。

"不透明度"选项用来控制图层的可见度，比如调整"不透明度"的数值为 60%，翻转的图层变成半透明状，如图 5-64 所示。

◀ 图 5-63 ▶   ◀ 图 5-64 ▶

单击"位移"选项卡，可以调整旋转、缩放、位置等参数，并能够设置这些属性的关键帧，如图 5-65 所示。

单击"光照"选项卡，可以设置灯光的强度、高光、颜色以及光照位置等参数，如图 5-66 所示。

◀ 图 5-65 ▶   ◀ 图 5-66 ▶

勾选"阴影"复选框，可以设置阴影的颜色、不透明度以及距离等参数，如图 5-67 所示。

 提示　这些灯光参数都可以在底部的时间线面板中设置关键帧。

单击"其他设置"选项卡，可以设置视点及渲染参数，如图 5-68 所示。

◀ 图 5-67 ▶   ◀ 图 5-68 ▶

调整视点和视角参数就如同改变摄像机一样，也可以设置关键帧，如图 5-69 所示。

◀ 图 5-69 ▶

 提示 视点、视角参数以及过扫描的数值都可以在底部的时间线面板中设置关键帧。

下面以特效组为例，分别介绍各特效组的效果。

（1）单页：包括 16 个转场特效组，每个组中各包含不同数量的转场特效，如图 5-70 所示。

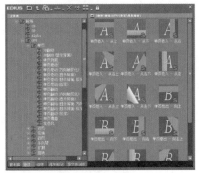

◀ 图 5-70 ▶

（2）双页：包括 12 个转场特效组，每个组各包含不同数量的转场特效，如图 5-71 所示。

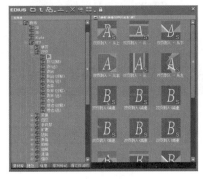

◀ 图 5-71 ▶

（3）变换：包括 11 个转场特效组，每个组各包含不同数量的转场特效，如图 5-72 所示。

◀ 图 5-72 ▶

（4）四页：包括 8 个转场特效组，每个组各包含不同数量的转场特效，如图 5-73 所示。

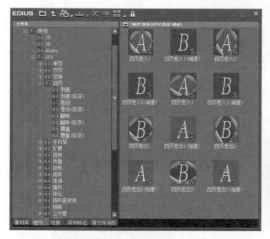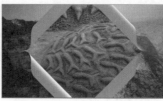

◀图 5-73▶

（5）手风琴：包括 4 个转场特效组，每个组各包含不同数量的转场特效，如图 5-74 所示。

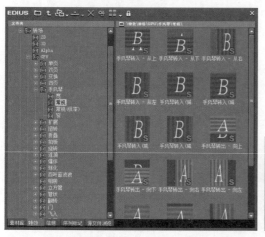

◀图 5-74▶

（6）扩展：包括两个转场特效组，每个组各包含不同数量的转场特效，如图 5-75 所示。

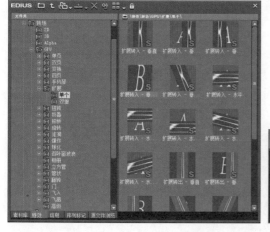

◀图 5-75▶

（7）扭转：包括 7 个转场特效组，每个组各包含不同数量的转场特效，如图 5-76 所示。

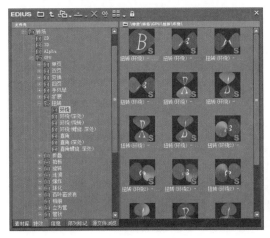
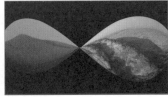

◀ 图 5-76 ▶

（8）折叠：包括 3 个转场特效组，每个组各包含不同数量的转场特效，如图 5-77 所示。

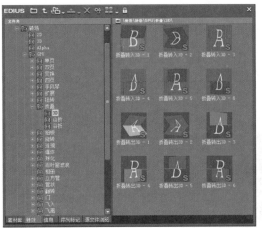

◀ 图 5-77 ▶

（9）拍板：包括 4 个转场特效组，每个组各包含不同数量的转场特效，如图 5-78 所示。

◀ 图 5-78 ▶

（10）旋转：包括 5 个转场特效组，每个组各包含不同数量的转场特效，如图 5-79 所示。

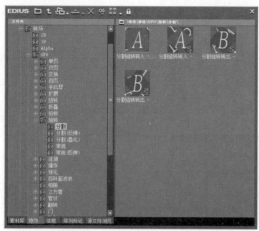

◀图 5-79▶

（11）涟漪：包括 7 个转场特效组，每个组各包含不同数量的转场特效，如图 5-80 所示。

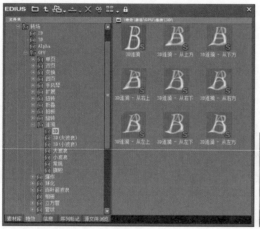

◀图 5-80▶

（12）爆炸：包括 7 个转场特效组，每个组各包含不同数量的转场特效，如图 5-81 所示。

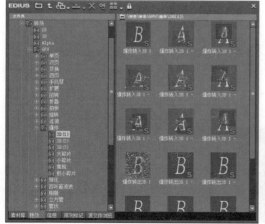
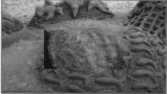

◀图 5-81▶

（13）球化：包括 9 个转场特效组，每个组各包含不同数量的转场特效，如图 5-82 所示。

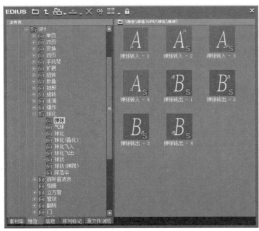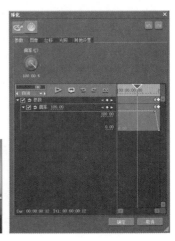

◀图 5-82▶

（14）百叶窗波浪：包括 7 个转场特效组，每个组各包含不同数量的转场特效，如图 5-83 所示。

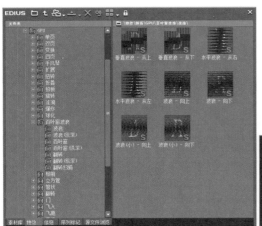

◀图 5-83▶

（15）相册：包括 8 个转场特效，如图 5-84 所示。

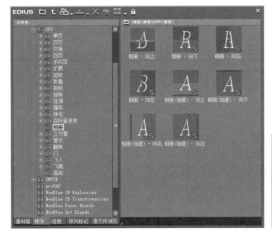

◀图 5-84▶

（16）立方管：包括 6 个转场特效组，每个组各包含不同数量的转场特效，如图 5-85 所示。

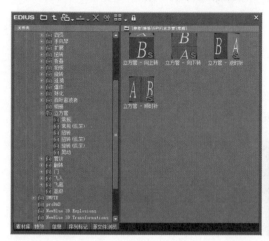

◀ 图 5-85 ▶

（17）管状：包括 12 个转场特效组，每个组各包含不同数量的转场特效，如图 5-86 所示。

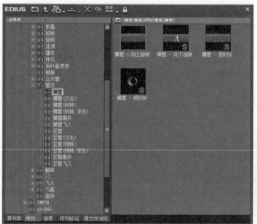

◀ 图 5-86 ▶

（18）翻转：包括 5 个转场特效组，每个组各包含不同数量的转场特效，如图 5-87 所示。

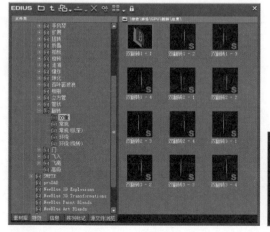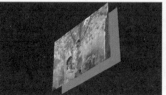

◀ 图 5-87 ▶

（19）门：包括 5 个转场特效组，每个组各包含不同数量的转场特效，如图 5-88 所示。

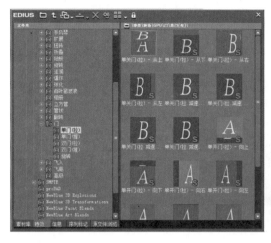

◀ 图 5-88 ▶

（20）飞入：包括 4 个转场特效组，每个组各包含不同数量的转场特效，如图 5-89 所示。

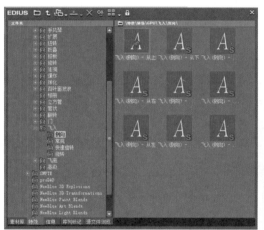

◀ 图 5-89 ▶

（21）飞离：包括 5 个转场特效组，每个组各包含不同数量的转场特效，如图 5-90 所示。

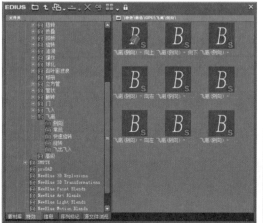

◀ 图 5-90 ▶

（22）高级：包括 19 个常用的转场特效，如图 5-91 所示。

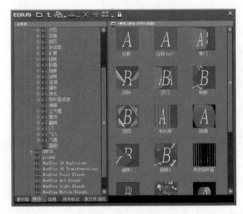

◀ 图 5-91 ▶

5.1.5　SMPTE 转场组

SMPTE 标准转场的使用甚至比前面介绍的滤镜都要简单，因为它们没有任何设置选项。转场的样式非常丰富，包括 10 个转场特效组，每个组中又包含多个转场特效，如图 5-92 所示。

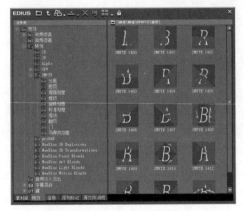

◀ 图 5-92 ▶

下面将转场特效添加到时间线上，查看转场的动画效果和设置面板。

（1）分离：包含 3 个分离方式的转场，如图 5-93 所示。

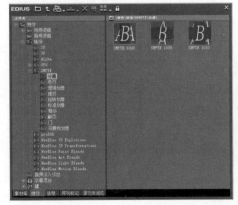

◀ 图 5-93 ▶

（2）卷页：包含 15 个不同页数的卷页划像方式，如图 5-94 所示。

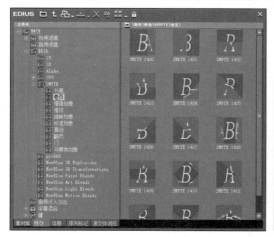

◀ 图 5-94 ▶

（3）增强划像：包含 23 个增强划像方式，其实就是各种形状的划像，如图 5-95 所示。

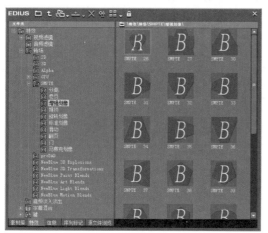

◀ 图 5-95 ▶

（4）推挤：包含 11 个挤压方式的转场。所谓"挤压"就是指 B 视频（目标视频）有形变，如图 5-96 所示。

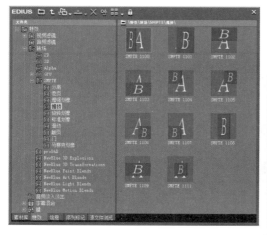

◀ 图 5-96 ▶

（5）旋转划像：包含 20 个旋转划像方式，类似上文中的时钟转场，如图 5-97 所示。

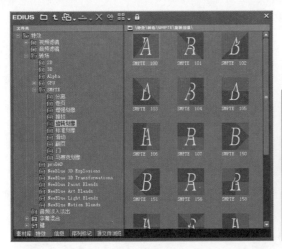

◀ 图 5-97 ▶

（6）标准划像：包含 24 个标准划像方式，都是较为常见的 2D 转场，如图 5-98 所示。

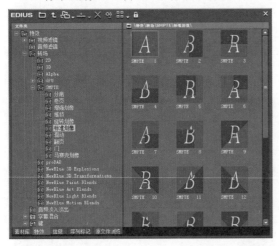

◀ 图 5-98 ▶

（7）滑动：包含 8 个滑动方式的转场，如图 5-99 所示。

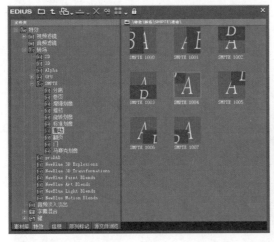

◀ 图 5-99 ▶

（8）翻页：包含 15 个不同页数的翻页划像方式。注意"翻页"和"卷页"转场效果是存在区别的，如图 5-100 所示。

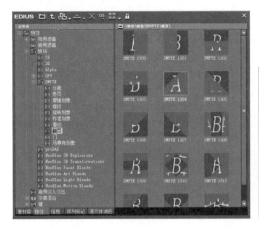

◀ 图 5-100 ▶

（9）门：包含 6 个"开门"类效果，如图 5-101 所示。

◀ 图 5-101 ▶

（10）马赛克划像：包含 28 个马赛克划像方式，如图 5-102 所示。

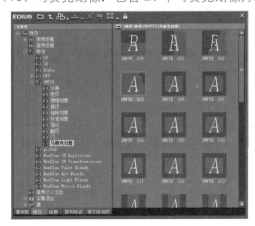

◀ 图 5-102 ▶

提示

由于 SMPTE 转场组没有可供调节的参数，所以无法去除一个可见的"外框"（在安全区以外），若最终要看到视频的全部区域，可以在工程设置中调节"过扫描大小"的数值为 0%，再查看转场效果，如图 5-103 所示。

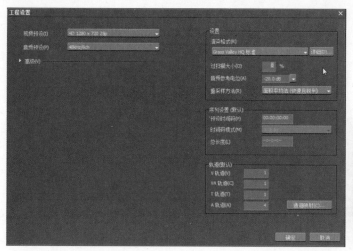

◀ 图 5-103 ▶

5.2　转场插件特效组

用于 EDIUS 7 的插件很多，这里重点介绍两个系列：proDAD 和 NewBlue 插件组的转场特效。在特效面板中展开"转场"面板，在标准的转场特效下面可以看到 proDAD 和 NewBlue 转场插件组，如图 5-104 所示。

1　proDAD

单击 proDAD 插件，展开其中的转场特效，只有一个选项，不过在特效面板中可以选择多种转场特效，如图 5-105 所示。

◀ 图 5-104 ▶

◀ 图 5-105 ▶

在时间线上添加了转场特效 Vitascene 之后，双击打开该特效的控制面板，从转场群组预设下拉菜单中选择需要的转场特效组，如图 5-106 所示。

单击该插件组，展开其中的转场特效，可以查看特效缩略图，如图 5-107 所示。

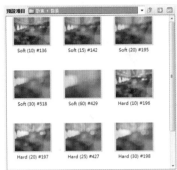

◀ 图 5-106 ▶

◀ 图 5-107 ▶

单击转场特效缩略图，可以查看该转场的动画预览，如图 5-108 所示。

◀ 图 5-108 ▶

双击该特效缩略图，也就应用了该转场特效到素材上，在右侧的预览窗口中可以查看转场的动画效果，如图 5-109 所示。

◀ 图 5-109 ▶

在预设转场缩略图的下方，特效控制面板包含"压印"、"位置"和"滤镜"三个选项卡，如图 5-110 所示。

单击"位置"选项卡，可以调整转场特效的位置参数，如图 5-111 所示。

◀ 图 5-110 ▶

◀ 图 5-111 ▶

单击"滤镜"选项卡，可以调整滤镜的参数，如图 5-112 所示。

在预览窗口的下方包含记录特效关键帧的时间线。默认状态下是勾选"主画格"复选框的，当调整特效控制参数时会自动创建关键帧，如图 5-113 所示。

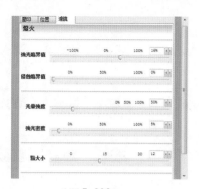

◀ 图 5-112 ▶

◀ 图 5-113 ▶

如果取消勾选"主画格"复选框，会消除时间线上的关键帧，但不会影响转场特效的起止动画，如图 5-114 所示。

◀ 图 5-114 ▶

提示 不同的转场特效具有不太相同的控制面板，但它们的使用方式是相同的。

 NewBlue

NewBlue 提供了 6 组转场特效，单击每一组的名称，在特效面板的右侧会展示其中的特效名称和缩略图。

（1）NewBlue 3D Explosions 转场特效组中包含了 13 个特效，主要是三维空间爆炸的效果，如图 5-115 所示。

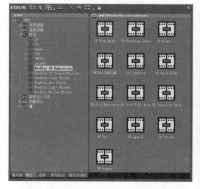

◀ 图 5-115 ▶

（2） NewBlue 3D Transformations 转场特效组中包含 13 个特效，主要是三维空间变换的效果，如图 5-116 所示。

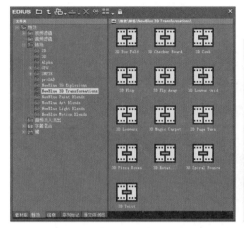

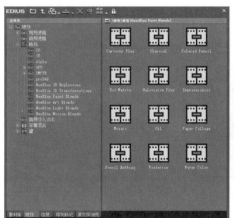图 5-116 ▶

（3） NewBlue Paint Blends 转场特效组中包含 12 个特效，主要是笔刷混合的效果，如图 5-117 所示。

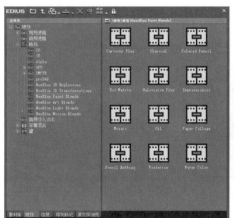

◀ 图 5-117 ▶

（4） NewBlue Art Blends 转场特效组中包含 10 个特效，主要是艺术混合的效果，如图 5-118 所示。

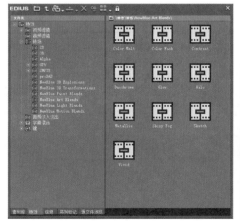

◀ 图 5-118 ▶

（5）NewBlue Light Blends 转场特效组中包含 10 个特效，主要是光线混合的效果，如图 5-119 所示。

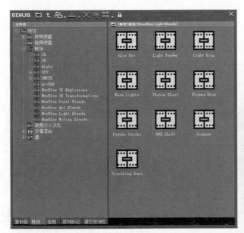

◀图 5-119▶

（6）NewBlue Motion Blends 转场特效组中包含 10 个特效，主要是运动混合的效果，如图 5-120 所示。

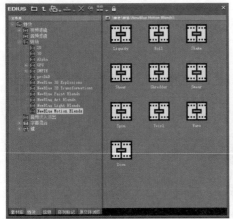

◀图 5-120▶

一旦添加了 NewBlue 插件的转场特效，在时间线上双击该转场，比如 NewBlue 3D Explosion 组中的 3D Box Explode，打开该特效的控制面板，如图 5-121 所示。

单击预设按钮 P ，从下拉菜单中选择新的效果预设，如图 5-122 所示。

在控制面板上还可以根据需要调整其他的参数，如图 5-123 所示。

◀图 5-121▶　　　　　　　◀图 5-122▶　　　　　　　◀图 5-123▶

单击 OK 按钮关闭特效控制面板,在节目预览窗口中查看转场动画效果,如图 5-124 所示。

◀ 图 5-124 ▶

对于后期工作来说,并不需要添加太花哨的转场,可将重点放在镜头的组接方面,当然巧妙地运用转场特效,也可以创建不可思议的视觉效果,在后面的实例部分会进行具体的讲解。

5.3 字幕混合特效

如果说转场是专为视频准备的出入画方式,那么字幕混合特效就是为字幕轨道准备的出入画方式了。在特效面板的"字幕混合"组中,EDIUS 为用户准备了 10 组共 38 种字幕混合特效预设,如图 5-125 所示。

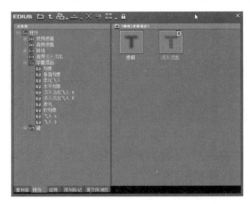

◀ 图 5-125 ▶

提示 缩略图上标有 D 字样的转场特效为默认特效。

如果要添加字幕混合特效,从特效面板中直接将选定的字幕混合特效拖曳到字幕轨道上素材的 MIX 区域即可,如图 5-126 所示。

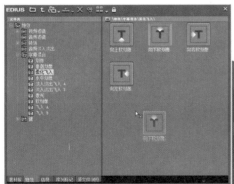

◀ 图 5-126 ▶

将鼠标指针靠近字幕混合，光标的形状会变成 ▣ 或 ▣，拖曳转场的末端或首端以调节其长度，这与普通转场的操作方式是一致的，如图 5-127 所示。

◀ 图 5-127 ▶

 提示　字幕混合只能应用到 T 字幕轨上。

字幕混合的使用非常简单，因为它们中的绝大多数也没有任何设置选项（少数例外，不过都非常简单）。

（1）在特效面板中单击"字幕混合"组，其中包含了两个很简单的转场特效，即"模糊"和"淡入淡出"。

▶ 模糊：字幕由模糊到清晰地出现，如图 5-128 所示。

◀ 图 5-128 ▶

▶ 淡入淡出：最常见的字幕转场方式，字幕由透明到不透明地出现，如图 5-129 所示。

◀ 图 5-129 ▶

（2）单击并展开"划像"特效组，共有四个方向的划像转场，如图 5-130 所示。

◀ 图 5-130 ▶

以"向下划像"转场为例，查看划像的动画效果，如图 5-131 所示。

◀图 5-131▶

（3）单击并展开"垂直划像"特效组，共有两个划像转场，由中心向边缘或者由边缘向中心划像，如图 5-132 所示。

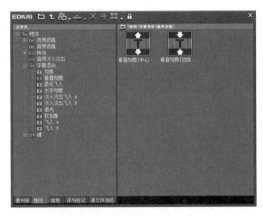

◀图 5-132▶

以"垂直划像［中心—边］缘"转场为例，查看该划像的动画效果，如图 5-133 所示。

◀图 5-133▶

（4）单击并展开"柔化飞入"特效组，共有四个划像转场，字幕有四种不同的飞入方向，而且边缘进行了柔化，如图 5-134 所示。

◀图 5-134▶

以"向下软划像"转场为例，查看该划像的动画效果，如图 5-135 所示。

◀ 图 5-135 ▶

（5）单击并展开"水平划像"特效组，共有两个划像转场，即从中心向边缘或者是从边缘向中心划像，如图 5-136 所示。

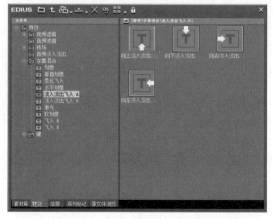

◀ 图 5-136 ▶

这次我们选用视频素材放在字幕轨上，可以作为两个视频之间的转场，如图 5-137 所示。

◀ 图 5-137 ▶

（6）单击并展开"淡入淡出飞入 A"特效组，共有四个转场特效，如图 5-138 所示。

◀ 图 5-138 ▶

以"向上淡入淡出飞入 A"转场为例，查看该划像的动画效果，如图 5-139 所示。

◀ 图 5-139 ▶

（7）单击并展开"淡入淡出飞入 B"特效组，共有四个转场特效，如图 5-140 所示。

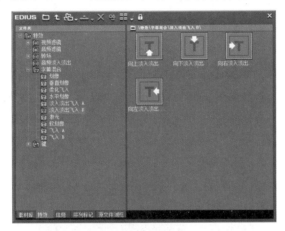

◀ 图 5-140 ▶

以"向上淡入淡出划像 B"转场为例，查看该划像的动画效果，如图 5-141 所示。

◀ 图 5-141 ▶

（8）单击并展开"激光"特效组，共有四个转场特效，如图 5-142 所示。

◀ 图 5-142 ▶

以"上面激光"转场为例，查看该划像的动画效果，如图5-143所示。

◀图5-143▶

（9）单击并展开"软划像"特效组，共有四个转场特效，如图5-144所示。

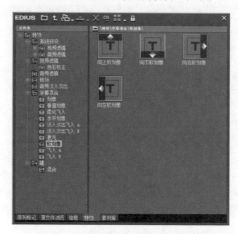

◀图5-144▶

以"向下软划像"转场为例，查看该划像的动画效果，如图5-145所示。

◀图5-145▶

（10）单击并展开"飞入A"特效组，共有四个转场特效，如图5-146所示。

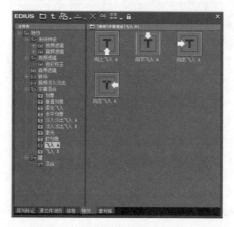

◀图5-146▶

以"向下飞入 A"转场为例，查看该划像的动画效果，如图 5-147 所示。

◀图 5-147▶

（11）单击并展开"飞入 B"特效组，共有四个转场特效，如图 5-148 所示。

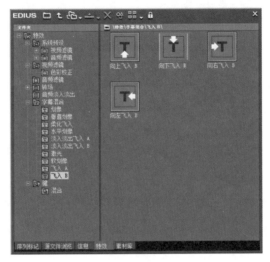

◀图 5-148▶

以"向下飞入 B"转场为例，查看该划像的动画效果，如图 5-149 所示。

◀图 5-149▶

字幕混合只能运用在 T 字幕轨上，但这并不意味着它们只能被应用在字幕素材上，在 EDIUS 中，视频或者图片素材也可以放置到 T 字幕轨，所以字幕混合同样适用于其他类型素材，当然字幕素材也可以通过放置到 V 或 VA 轨道上来添加普通滤镜和转场。

5.4 音频转场

AudioCrossFades 音频淡入淡出主要被应用来创建时间线上两段音频素材之间的过渡。特效面板的特效在 AudioCrossFades 目录下，可以找到 7 种音频淡入淡出方式，如图 5-150 所示。

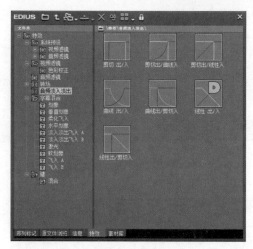

◀ 图 5-150 ▶

简单地讲，音频淡入淡出就是音频的转场，所以它的用法与同轨道的普通转场一样，将选定的音频淡入淡出方式直接拖曳到两段音频素材的交接处即可，如图 5-151 所示。

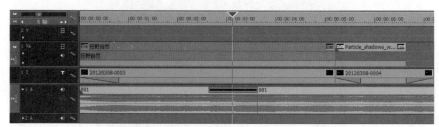

◀ 图 5-151 ▶

▶ 剪切出 / 入：两段音频直接混合在一起，效果比较"生硬"。

▶ 剪切出 / 曲线入：前一段音频以"硬切"方式结束，后一段音频以曲线方式音量渐起。

▶ 剪切出 / 线性入：前一段音频以"硬切"方式结束，后一段音频以线性方式音量渐起。

▶ 曲线出 / 剪切入：前一段音频以曲线方式音量渐出，后一段音频以"硬切"方式开始。

▶ 曲线出 / 入：两段音频以曲线方式渐入和渐出。效果较为柔和，但是中间部分总体音量会降低。

▶ 线性出 / 剪切入：前一段音频以线性方式音量渐出，后一段音频以"硬切"方式开始。

▶ 线性出 / 入：两段音频以线性方式渐入和渐出。效果较为柔和，但是中间部分总体音量会降低。

提示

两段音频素材也可以通过调整音量淡入淡出的方式组接在一起，形成一种比较柔和的转场效果，如图 5-152 所示。

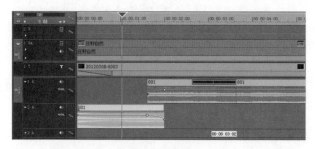

◀ 图 5-152 ▶

5.5 实例——时尚杂志广告片

该实例是利用视频转场特效制作的时尚杂志广告，不仅应用了普通的视频转场特效，还应用了几个转场插件，增强视觉效果，如图 5-153 所示。

◀图 5-153▶

5.5.1 序列 1 转场特效

1 打开软件 EDIUS，创建一个新的工程，选择合适的工程预设，并设置工程的名称，如图 5-154 所示。

2 导入几条实拍素材 223A5371、223A5302、223A5356 和 223A5309 到素材库中，然后在序列 1 的时间线上添加两条视频轨道。

3 在素材窗口中双击素材 223A5371，在素材预览窗口中设置入点和出点，如图 5-155 所示。

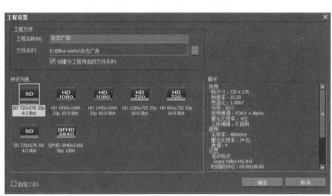

◀图 5-154▶   ◀图 5-155▶

4 拖曳素材到序列 1 的视频轨道 4V 上，该片段的起点在序列的起点。

5 单击"特效"选项卡，展开"转场"组 GPU 组中的"高级"转场特效组，拖曳"波浪百叶窗"特效到时间线上第一片段的混合轨上，如图 5-156 所示。

◀图 5-156▶

6 在添加转场特效的同时会打开信息面板，显示该特效的信息，如图 5-157 所示。

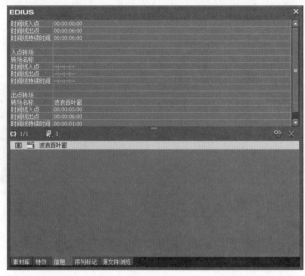

◀ 图 5-157 ▶

7 在时间线上拖曳当前指针到 2 秒 15 帧，在片段的混合轨上拖曳转场的首端到当前时间线，这样就延长了转场的时间，如图 5-158 所示。

8 在时间线上双击该转场特效，打开特效控制面板，选择"扫描样式"的第一项和"翻转样式"的第三项，然后调整水平、垂直和差异的数值，如图 5-159 所示。

◀ 图 5-158 ▶

◀ 图 5-159 ▶

9 拖曳当前指针，查看转场的动画效果，如图 5-160 所示。

◀ 图 5-160 ▶

10 在素材库中双击素材 223A5302，在预览窗口中查看素材内容并设置入点和出点，如图 5-161 所示。

11 从素材预览窗口中拖曳素材到时间线的视频轨道 3V 上，起点与轨道 4V 上片段的转场的起点对齐，如图 5-162 所示。

◀图 5-161▶   ◀图 5-162▶

12 这样也就实现了第一个片段与第二个片段的转换，拖曳当前指针，查看转场的动画效果，如图 5-163 所示。

◀图 5-163▶

13 单击"特效"选项卡，展开"转场"组 GPU 组中的"高级"转场特效组，拖曳"手风琴"特效到时间线上第二片段的混合轨上，并拖曳该转场的起点到 7 秒 20 帧，如图 5-164 所示。

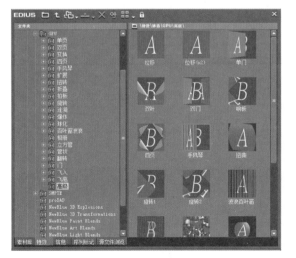

◀图 5-164▶

[14] 在时间线上双击"手风琴"特效，打开特效控制面板，如图 5-165 所示。

[15] 拖曳当前指针，查看该转场的动画效果，如图 5-166 所示。

◀ 图 5-165 ▶   ◀ 图 5-166 ▶

[16] 在素材库中双击素材 223A5302，在预览窗口中查看素材内容并设置入点和出点，如图 5-167 所示。

[17] 从素材预览窗口中拖曳素材到时间线的视频轨道 2V 上，使起点与轨道 3V 上片段的转场的起点对齐，如图 5-168 所示。

◀ 图 5-167 ▶   ◀ 图 5-168 ▶

[18] 单击"特效"选项卡，展开"转场"组中的 NewBlue Starter Pack 组，拖曳 Dot Matrix 特效到时间线上第三片段的混合轨上，并拖曳该转场的起点到 11 秒 08 帧，如图 5-169 所示。

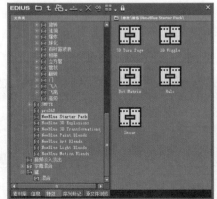

◀ 图 5-169 ▶

19 在时间线上双击 Halo 特效，打开特效控制面板，选择转场预设，如图 5-170 所示。

◀ 图 5-170 ▶

20 拖曳当前指针，查看该转场的动画效果，如图 5-171 所示。

◀ 图 5-171 ▶

21 在素材库中双击素材 223A5309，在预览窗口中查看素材内容并设置入点和出点，如图 5-172 所示。

22 从素材预览窗口中拖曳素材到时间线的视频轨道 1V 上，起点与轨道 3V 上片段的转场的起点对齐，如图 5-173 所示。

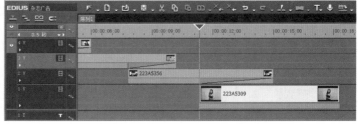

◀ 图 5-172 ▶　　　　　　　　　　　◀ 图 5-173 ▶

23 单击"特效"选项卡，展开"转场"组中的 proDAD 组，拖曳 Vitascene 特效到时间线上第四片段的混合轨上，并拖曳该转场的起点到 15 秒，也正好对第三片段的末端对齐，如图 5-174 所示。

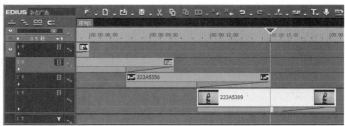

◀ 图 5-174 ▶

24 在时间线上双击 Vitascene 特效，打开特效控制面板，选择转场预设，也可以在右侧的窗口中预览转场效果，如图 5-175 所示。

◀图 5-175▶

25 拖曳当前指针，查看该转场的动画效果，如图 5-176 所示。

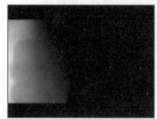  

◀图 5-176▶

26 至此第一个序列制作完成，单击"播放"按钮，查看该序列的预览效果，尤其是四个片段之间的转场效果，如图 5-177 所示。

◀图 5-177▶

5.5.2 最终合成特效

1 新建序列 2，并导入动态素材"重金属版 09-01"到时间线上的视音频轨道 1VA 上，素材的起点对齐序列的起点。单击"播放"按钮，查看节目效果，如图 5-178 所示。

 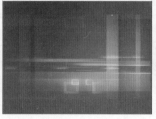 

◀图 5-178▶

2 单击"特效"选项卡，展开"视频滤镜"组中的"色彩校正"特效组，选择"色彩平衡"滤镜并拖曳到轨道 1VA 的素材上，如图 5–179 所示。

3 在信息面板中双击打开"色彩平衡"滤镜的控制面板，调整参数，如图 5–180 所示。

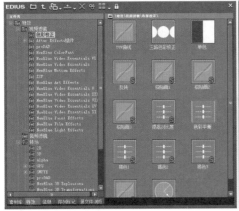

◀ 图 5–179 ▶　　　　　　　　　　◀ 图 5–180 ▶

4 在素材库中空白处单击鼠标右键，从弹出的菜单中选择"新建素材" | "Heroglyph Titler"命令，打开 proDAD Heroglyph 字幕编辑器，如图 5–181 所示。

◀ 图 5–181 ▶

5 单击"范本"按钮，在"插入元素"面板中选择需要的模板预设，比如"前导广告"组"万用"组中的第二项，单击"建立"按钮，如图 5–182 所示。

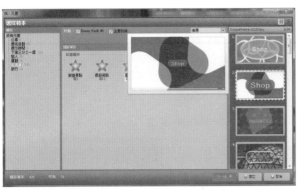

◀ 图 5–182 ▶

6 将光标放置于预览窗口中，可以预览字幕模板的动画效果，单击底部的"插入"按钮，然后修改字幕元素，比如进行文字编辑，如图 5–183 所示。

7 关闭字幕编辑器，保存字幕，该字幕自动出现在素材库中，如图 **5-184** 所示。

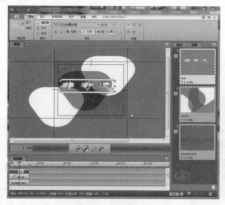

◀ 图 5-183 ▶

◀ 图 5-184 ▶

8 从素材库中拖曳刚创建的字幕到时间线上的字幕 T 轨道上，自动添加了淡入淡出的转场特效，如图 **5-185** 所示。

9 调整该字幕的末端到 3 秒位置，如图 **5-186** 所示。

◀ 图 5-185 ▶ ◀ 图 5-186 ▶

10 在特效面板中，展开"字幕混合"特效组，将"激光"特效组中的"下面激光"特效拖曳到字幕混合轨的首端，将字幕入画的特效替换成"下面激光"，如图 **5-187** 所示。

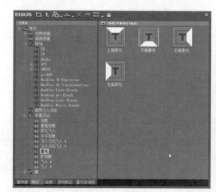

◀ 图 5-187 ▶

11 拖曳当前指针，查看字幕入画和出画的动画效果，如图 **5-188** 所示。

◀ 图 5-188 ▶

12 在素材库中空白处单击鼠标右键，从弹出的菜单中选择"新建序列"命令，然后双击该序列图标，在时间线上打开该序列。

13 在时间线上的序列标题栏中右键单击"序列 3"，从弹出的菜单中选择"序列设置"命令，在弹出的"序列设置"对话框中修改序列名称，如图 5-189 所示。

14 从素材库中拖曳"序列 2"的图标到音频轨道 1VA 上，将该片段的起点与序列的起点对齐。

15 从素材库中拖曳"序列 1"的图标到音频轨道 2V 上，该片段的起点为 1 秒 10 帧。单击信息面板，双击并打开视频布局面板，单击顶部的安全框按钮，在预览窗口中显示安全框，然后调整图像的拉伸参数为 80.5%，如图 5-190 所示。

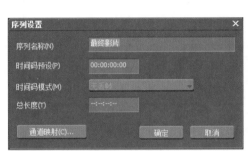

◀ 图 5-189 ▶

◀ 图 5-190 ▶

16 在特效面板中，选择"转场"组 3D 特效组中的"卷页"特效，添加到轨道 2V 中"序列 1"的混合轨的首端，然后拖曳该转场的长度为 2 秒，如图 5-191 所示。

◀ 图 5-191 ▶

17 在时间线上双击"卷页"特效，打开该特效的控制面板，如图 5-192 所示。

18 单击"选项"卡，调整翻动方向等参数，如图 5-193 所示。

◀ 图 5-192 ▶

◀ 图 5-193 ▶

19 单击"背面"选项卡，添加一张位图作为背面图案，如图5-194所示。

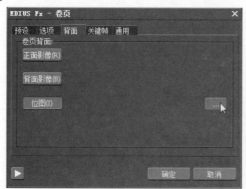

◀ 图5-194 ▶

20 单击"关键帧"选项卡，可以选择其他的动画曲线预设，如图5-195所示。

21 单击"通用"选项卡，取消勾选"启用过扫描处理"复选框，如图5-196所示。

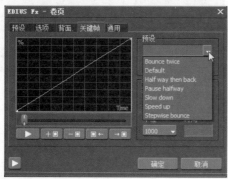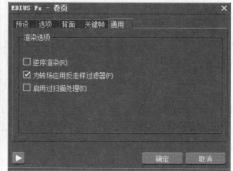

◀ 图5-195 ▶　　　　　　　　◀ 图5-196 ▶

22 拖曳当前指针，查看卷页转场的动画效果，如图5-197所示。

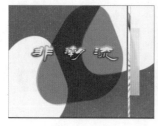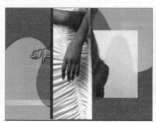

◀ 图5-197 ▶

23 在时间线上拖曳当前指针到6秒18帧，单击裁切工具按钮，将"序列1"在当前位置切断，再拖曳当前指针到8秒24帧，单击裁切工具按钮，这样在时间线上的"序列1"就被分割成了三个片段，如图5-198所示。

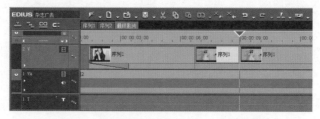

◀ 图5-198 ▶

24 选择第二个片段，打开视频布局面板，激活三维属性，在底部的动画控制面板中设置位置 Z 轴的关键帧，创建图像放大缩小的动画效果，如图 5-199 所示。

25 选择该片段，展开特效面板，添加"闪光灯 / 冻结"滤镜，然后在信息面板中双击该滤镜并设置参数，如图 5-200 所示。

26 拖曳当前指针，查看该片段的特技动画效果，如图 5-201 所示。

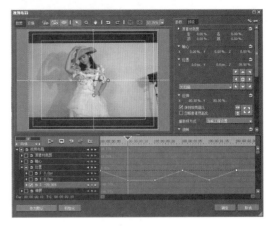

◀ 图 5-199 ▶

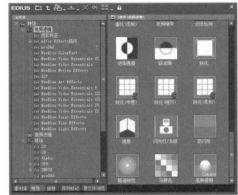

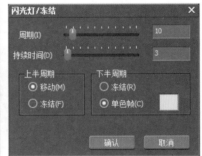

◀ 图 5-200 ▶

◀ 图 5-201 ▶

27 在素材库中空白处单击鼠标右键，从弹出的菜单中选择"添加字幕"命令，在打开的字幕编辑器中选择矩形工具，参照图像的边缘绘制一个矩形，设置填充颜色的透明度为 100，如图 5-202 所示。

◀ 图 5-202 ▶

28 在左侧的字幕属性栏中设置边缘、阴影和浮雕的参数，如图 5-203 所示。

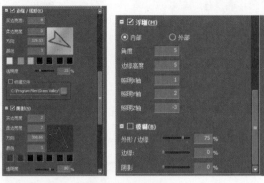

◀ 图 5-203 ▶

29 增加 4 条视频轨道，从素材库中将该字幕素材添加到视频轨道 3V 上，起点与"序列 1"的起点对齐。

30 选择字幕素材，添加"手绘遮罩"滤镜，在信息面板中将滤镜"手绘遮罩"拖曳到第一级，然后打开该滤镜的控制面板，绘制一个矩形遮罩，设置参数，如图 5-204 所示。

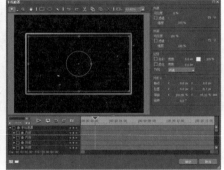

◀ 图 5-204 ▶

31 在时间线上选择视频轨道 2V 上的"序列 1"的混合轨，在信息面板中拖曳"转场"特效到视频轨道 3V 的字幕素材的混合轨上，复制该转场特效，如图 5-205 所示。

◀ 图 5-205 ▶

32 拖曳当前指针，查看该片段的特技动画效果，如图 5-206 所示。

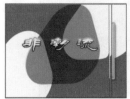

◀ 图 5-206 ▶

[33] 导入图片素材"胶片框 01"到素材库中，然后添加该素材到视频轨道 6V 上，长度与视频轨道 1VA 上的"序列 2"对齐，如图 5-207 所示。

[34] 为该素材的混合轨添加"柔光"特效，如图 5-208 所示。

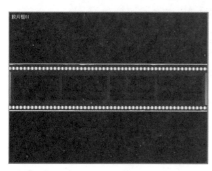

◀ 图 5-207 ▶

◀ 图 5-208 ▶

[35] 右键单击素材库，从弹出的菜单中选择"添加字幕"命令，打开 QuickTitler 字幕编辑器，创建一个渐变的色块，设置填充颜色和浮雕参数，如图 5-209 所示。

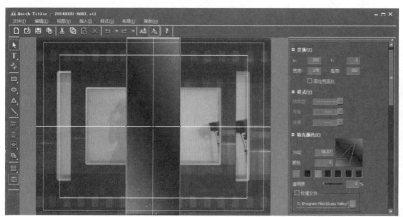

◀ 图 5-209 ▶

[36] 从素材库中拖曳该字幕素材到时间线上的轨道 4V 上，起点为 6 秒，末端与第二段的"序列 1"的末端对齐。

[37] 选择该字幕素材，在信息面板中打开视频布局面板，调整图像的拉伸、位置和旋转等参数，如图 5-210 所示。

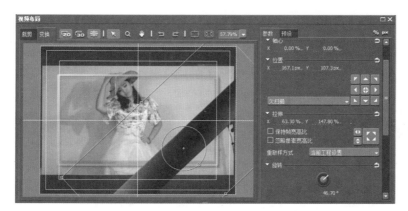

◀ 图 5-210 ▶

[38] 选择 GPU 转场组"高级"组的"位移（x2）"特效并添加到该字幕的混合轨的首端，然后在时间线上延长该转场的末端到 7 秒 20 帧处，如图 5-211 所示。

◀图 5-211▶

[39] 在时间线上双击该转场特效，打开特效控制面板，单击"图像 B"选项卡，设置背面参数，如图 5-212 所示。

[40] 单击"位移 A"选项卡，设置位置 X 和位置 Z 的关键帧，如图 5-213 所示。

◀图 5-212▶　　　　　　◀图 5-213▶

[41] 拖曳当前指针，查看该转场的动画效果，如图 5-214 所示。

◀图 5-214▶

[42] 创建一个新的字幕，设置文字的字体、颜色、边缘和阴影等参数，如图 5-215 所示。

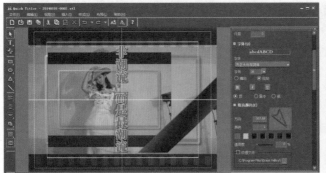

◀图 5-215▶

[43] 从素材库中拖曳该字幕素材到时间线的视频轨道 5V 上，与视频轨道 4V 上的字幕对齐，并复制转场特技，如图 5-216 所示。

[44] 调整该图像的视频布局参数，如图 5-217 所示。

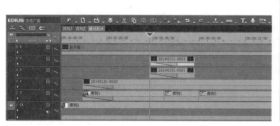

◀ 图 5-216 ▶

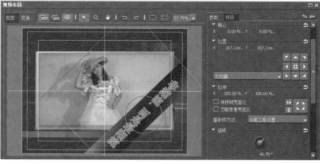

◀ 图 5-217 ▶

[45] 拖曳当前指针，查看这一片段的动画效果，如图 5-218 所示。

◀ 图 5-218 ▶

[46] 创建一个新的字幕，也就是杂志的名称，设置字幕的字体、颜色、边缘以及阴影等参数，如图 5-219 所示。

◀ 图 5-219 ▶

[47] 从素材库中拖曳该字幕素材到视频轨道 4V 上，设置时间长度为 2 秒 20 帧，起点位于 17 秒 05 帧。

[48] 展开特效面板，选择"转场"组 NewBlue Light Blends 组中的 Traveling Rays 特效，添加到该字幕素材混合轨的首端，并延长该转场的末端到 18 秒 20 帧，如图 5-220 所示。

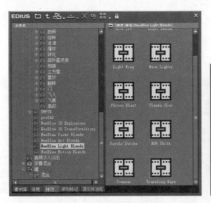 

◀ 图 5-220 ▶

49 双击打开该转场特效的控制面板，单击预设按钮 P，选择合适的转场预设，如图 5-221 所示。

◀ 图 5-221 ▶

50 拖曳当前指针，查看这一片段的转场动画效果，如图 5-222 所示。

◀ 图 5-222 ▶

51 导入音乐素材 036.wav，添加到音频轨道 1A 中，起点对齐序列的起点。单击播放按钮 ▷，预览影片的效果，如图 5-223 所示。

◀ 图 5-223 ▶

5.6 本章小结

　　本章主要用图例的方式简单介绍了 EDIUS 7 的转场特效，最后以一个宣传片制作的实例详细讲解了转场特效的运用和动画设置技巧。

第6章

字幕特技

　　除了剪辑和特效，风格合适的图形和字幕设计对一部完整的影片来说也至关重要。EDIUS 7 为用户提供了很好的解决方案——QuickTitler 可以方便快捷地制作一些较简单的字幕效果，如果添加在字幕轨道上，可以应用字幕的转场效果，增强字幕的运动效果，也可以将字幕放置于视频轨道上，通过调整布局参数或添加视频滤镜，创造更加丰富的字幕特效。在实际的后期工作中，经常会应用到两款字幕插件，一个是 Heroglyph Titler，另一个是 New Blue Titler Pro。通过灵活的字幕插件，我们可以设计出更加精彩的文字、图像甚至带 3D 效果的标题动画，这些字幕插件具有相当强大的字幕图形功能。

6.1　QuickTitler 快捷字幕

首先，检查一下程序设置中关于字幕软件的选项，默认状态下 QuickTitler 应该是首选字幕机。

6.1.1　字幕编辑器

选择合适的字幕轨，使用时间线工具栏 **T.** 的下拉菜单，或者使用快捷键 T，就可以启动 QuickTitler 字幕编辑器，如图 6-1 所示。

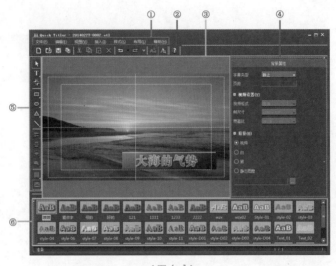

◀图 6-1▶

①菜单栏：提供了标准 Windows 程序格式的菜单选项，绝大多数的功能指令都可以在这里找到，如"文件"、"编辑"、"样式"等，每一个菜单下都有一系列相应的命令，如图 6-2 所示。

◀图 6-2▶

②文件工具栏：提供了一系列常规的文件操作功能，如新建、打开、保存、粘贴、撤销等，如图 6-3 所示。

◀图 6-3▶

两个 QuickTitler 中所特有的按钮分别如下。

▶ 作为一个新样式保存：如果非常满意已经完成的字体设置，那不妨将它保存下来作为样式，以后可以方便地随时调用。

▶ 预览：在制作过程中，QuickTitler 会降低字体的显示质量，预览命令能够使我们看到全质量显示的字幕。

③对象创建界面：创建、编辑字幕和图形对象的工作区域，如图 6-4 所示。

④对象属性栏：设置对象的各种属性。依据当前选择的不同，会有相应的内容变化。比如选择了文字对象，对象属性栏如图 6-5 所示。

◀图 6-4▶　　　　　　　　　　　　　　◀图 6-5▶

如果选择了一个圆形图形元素，则对象属性栏也会有所不同，如图 6-6 所示。

⑤对象工具栏：提供一系列可创建的对象，如选择、创建文本、导入图像、创建图形、对齐、排列以及安全框等辅助工具，如果用鼠标按住工具图标还会弹出其中包含的子菜单，如图 6-7 所示。

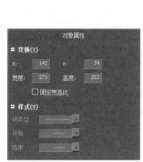

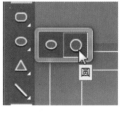

◀图 6-6▶　　　　　　　　　　　　　　◀图 6-7▶

⑥对象样式栏：为创建的对象应用各种预先设定好的样式预设，选择的对象或工具不同，样式库也会不同，比如文字对象的样式库如图 6-8 所示。

◀图 6-8▶

如果选择了创建图像的工具或线条工具，则样式库完全不同，如图 6-9 所示。

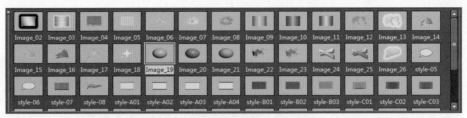

图像样式库

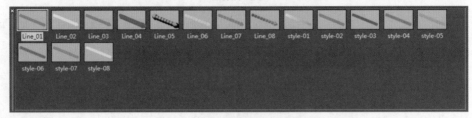

线样式库

◀ 图 6-9 ▶

◀ 图 6-10 ▶

除了软件自带的样式预设以外，还可以保存自定义的样式，如图 6-10 所示。

提示

6.1.2 字幕制作

用 QuickTitler 制作字幕非常容易，下面我们就来实际动手试一下。

1 创建字幕，调整文字属性

1 拖曳当前指针到需要添加字幕的位置，同时参照背景来创建字幕，方便设置字幕的样式、颜色和阴影等参数。

2 单击时间线顶端的字幕工具按钮，从弹出的下拉菜单中选择"在 1T 轨道上创建字幕"命令，打开 QuickTitler 字幕编辑器，由于当前没有选择任何物体，所以在右侧的对象属性栏中显示的是"背景属性"。可以看见其中字幕类型是"静止"，如图 6-11 所示。

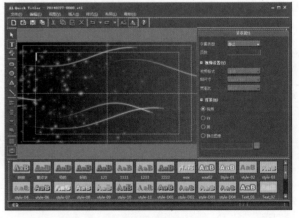

◀ 图 6-11 ▶

提示 背景栏中的选项决定在 QuickTitler 中显示当前指针的图像，也可以选择其他选项，但无论选择何种属性，都不会影响输出，这里只是一个显示选项，方便制作而已。

3 输入字符"飞云裳影音工社"，或者任何需要的文字，如图 6-12 所示。

4 创建对象后，在其周围即会出现一个对象操作框。鼠标指针在操作框的范围内，即可随意拖动对象到屏幕任意位置，如图 6-13 所示。

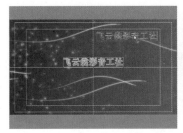
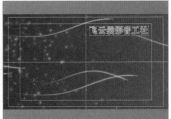

◀ 图 6-12 ▶　　　　　　　　　　　　　◀ 图 6-13 ▶

5 鼠标指针在文本框的中央，即可调整对象的中心点，如图 6-14 所示。

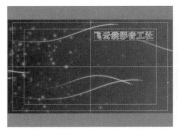
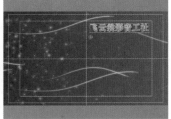

◀ 图 6-14 ▶

 提示　如果要取消刚才的操作，单击 ⬅ 按钮即可。

6 当鼠标指针在框的边角上时，拖曳顶点可缩放对象，同时按住 Shift 键能进行等比缩放，如图 6-15 所示。

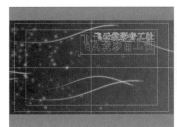

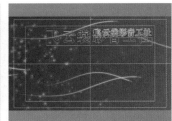

◀ 图 6-15 ▶

7 按住 Ctrl 键则对象以中心点为轴心进行旋转，如图 6-16 所示。

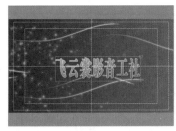
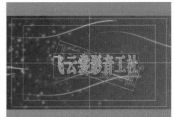

◀ 图 6-16 ▶

 提示　在按住 Ctrl 键的同时再按 Shift 键，能以 15°为单位进行旋转。

8 在对象属性栏中，当前显示的是文本属性，最上面的部分是变换属性，包括文本框的位置、宽高以及文本的字距和行距，如图 6-17 所示。

◀ 图 6-17 ▶

9 在字体属性栏中可以调节文本的字体、字号、排列方式等，如图 6-18 所示。

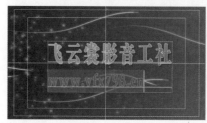

◀ 图 6-18 ▶

 提示 在调整这些参数的同时，既可以针对整个文本框，也可以单独选择其中的部分文本，可以使一个字幕具有多样的字体和字号。

10 文本的填充颜色可以是单色，也可以是渐变色，如图 6-19 所示。

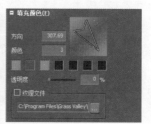

◀ 图 6-19 ▶

11 勾选"纹理文件"复选框，导入一张图片作为文字的表面纹理，如图 6-20 所示。

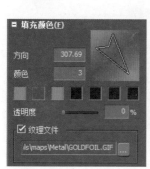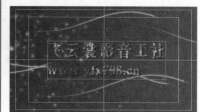

◀ 图 6-20 ▶

12 勾选"边缘"复选框，可以为文本添加勾边，并可以设置勾边的宽度、柔边、颜色以及纹理等，如图 6-21 所示。

13 接下来设置"阴影"控制项，如图 **6-22** 所示。

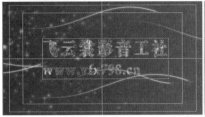
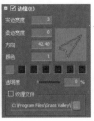
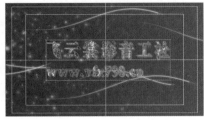
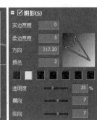

◀ 图 6-21 ▶   ◀ 图 6-22 ▶

14 根据需要还可以设置文本的浮雕效果，可以设置浮雕的样式、角度、照明等参数，如图 **6-23** 所示。

15 在对象属性栏的最下面是"模糊"项，不仅可以模糊文字，也可以模糊文字的边缘和阴影，如图 **6-24** 所示。

◀ 图 6-23 ▶   ◀ 图 6-24 ▶

16 在创建字幕时，使用模板预设是十分快捷的办法。保持对象文本在被选状态下，双击对象样式栏中任意一个满意的样式，比如 wzx_02，如图 **6-25** 所示。

17 如果对目前文本的状态不满意，可以继续在对象属性栏中进行修改。比如这个样式默认的字体不合适，选择第一行的文字，然后修改为新的字体，如图 **6-26** 所示。

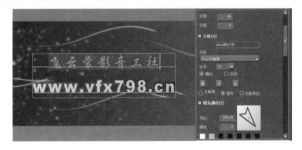

◀ 图 6-25 ▶   ◀ 图 6-26 ▶

18 同时，在填充颜色栏下替换文字上应用的纹理，单击浏览按钮█，查找并选择自己喜欢的图片，如图 **6-27** 所示。

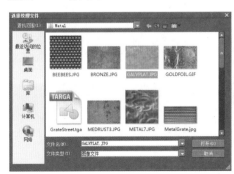

◀ 图 6-27 ▶

[19] 应用 QuickTitler 字幕编辑器制作字幕就是这么简单，如果满意当前效果的话，单击"新样式"按钮，在弹出的"保存当前样式"对话框中，输入新样式的名称，单击"确认"按钮关闭对话框，该样式就出现在样式栏中，方便我们以后使用，如图 6-28 所示。

◀图 6-28 ▶

[20] 保存并退出 QuickTitler，字幕自动添加到字幕轨道上，查看节目预览效果，如图 6-29 所示。

◀图 6-29 ▶

2 创建图形元素

[1] 双击该字幕，打开字幕编辑器，在对象工具栏中单击矩形工具按钮■，然后在预览区中拖曳出一个矩形，如图 6-30 所示。

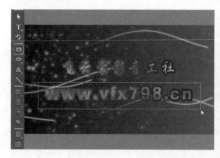
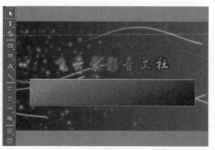

◀图 6-30 ▶

[2] 在对象样式栏中会出现很多图像样式，双击 Rectangle_05，如图 6-31 所示。

[3] 选择主菜单中的"布局"|"排序"|"置于底层"命令，将矩形渐变图形放在文字的背后，如图 6-32 所示。

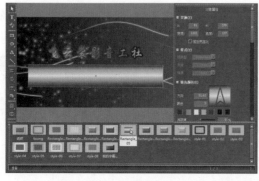

◀图 6-31 ▶　　　　　　　　　　　　　◀图 6-32 ▶

4 在属性面板中调整不透明度为 50%，调整填充渐变的颜色，如图 6-33 所示。

5 勾选"边缘／线形"复选框，设置边缘的宽度、颜色等参数，如图 6-34 所示。

◀ 图 6-33 ▶　　　　　　　　　　　　◀ 图 6-34 ▶

 提示　如果需要可以勾选"阴影"、"浮雕"等复选框，并设置相应的参数，获得有立体感的图形。

6 调整矩形的大小和位置，作为网站文本的背景，如图 6-35 所示。

7 在对象工具栏中单击线工具按钮◣，在样式预设库中单击 Line_06，然后在预览区中拖曳一条直线，如图 6-36 所示。

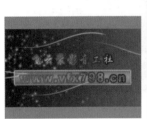

◀ 图 6-35 ▶　　　　　　　　　　　　◀ 图 6-36 ▶

 提示　按住 Shift 键拖曳鼠标可以绘制水平或垂直的线段。

8 在对象属性面板中可以选择线条的样式、起止样式，如图 6-37 所示。

◀ 图 6-37 ▶

9 调整"边缘／线形"栏中的参数，改变箭头线条的宽度和颜色，如图 6-38 所示。

10 勾选"阴影"复选框，调整阴影参数，如图 6-39 所示。

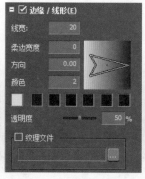

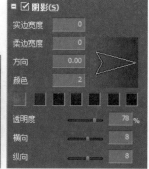

◀ 图 6-38 ▶   ◀ 图 6-39 ▶

 提示　　如果需要可以勾选"浮雕"等复选框并设置相应的参数，获得有立体感的图形，如图 6-40 所示。

11 关闭字幕编辑器，保存新修改的字幕，在节目预览窗口中查看字幕的效果，如图 6-41 所示。

◀ 图 6-40 ▶   ◀ 图 6-41 ▶

3 添加图像元素

在后期的字幕设计中经常会添加 LOGO 等图像元素，或者添加指定的图像作为装饰元素。

1 拖曳当前指针到合适的位置，单击字幕工具按钮 T，从菜单中选择"在 T1 轨道添加字幕"命令，打开字幕编辑器，单击图像工具按钮 ，在样式库中选择 Image_10，然后在预览区绘制一个图像框，如图 6-42 所示。

◀ 图 6-42 ▶

2 在右侧的图像属性面板中，调整图像的位置到屏幕右上角，单击按钮 选择自己需要的图像文件，如图 6-43 所示。

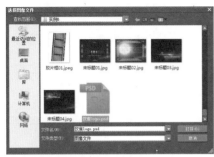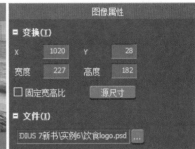

◀ 图 6-43 ▶

3 勾选"填充颜色"复选框，调整透明度的数值，如图 6-44 所示。

4 勾选"边缘"复选框，设置参数，如图 6-45 所示。

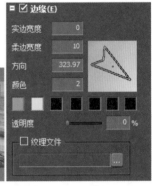

◀ 图 6-44 ▶ ◀ 图 6-45 ▶

5 勾选"阴影"复选框，设置参数，如图 6-46 所示。

6 选择样式预设 style-C03，如图 6-47 所示。

7 输入字符，创建字幕，如图 6-48 所示。

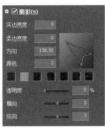

◀ 图 6-46 ▶ ◀ 图 6-47 ▶ ◀ 图 6-48 ▶

8 关闭字幕编辑器，保存字幕。在时间线上拖曳时间线指针，查看节目的预览效果，如图 6-49 所示。

◀ 图 6-49 ▶

⑨ 打开特效面板，我们可以使用"字幕混合"特效，为刚才的字幕添加出入屏动画，比如添加"软划像"组中的"向右软划像"，如图 6-50 所示。

⑩ 查看节目预览效果，如图 6-51 所示。

◀ 图 6-50 ▶

◀ 图 6-51 ▶

6.1.3 滚动字幕

① 选择字幕轨道 1T，单击鼠标右键，从弹出的菜单中选择"新建素材" | "QuickTitler"命令，打开字幕编辑器，选择滚动字幕类型，如图 6-52 所示。

② 选择文本工具 **T**，输入多行字符，当超出一屏的边框时，就可以看到字幕预览区右侧的滚动条，如图 6-53 所示。

③ 设置字体、字号、颜色以及阴影等参数，如图 6-54 所示。

◀ 图 6-52 ▶

◀ 图 6-53 ▶

◀ 图 6-54 ▶

④ 在滚动字幕中不仅可以有文本，也可以添加图形、图像等元素，如图 6-55 所示。

⑤ 调整字幕的位置，如图 6-56 所示。

⑥ 关闭字幕编辑器，保存该字幕文件，拖曳时间线指针，查看滚动字幕的动画效果，如图 6-57 所示。

◀ 图 6-55 ▶

◀ 图 6-56 ▶

◀ 图 6-57 ▶

⑦ 在时间线面板上双击该字幕，重新打开字幕编辑器，选择创建图像工具 **⊞**，在样式库中选择 style-K01，然后在预览区绘制一个图像框，如图 6-58 所示。

⑧ 继续输入文字，调整文字的位置。如果字幕对象超出了一屏的范围，自动出现滚动条，增加第二屏，如图 6-59 所示。

⑨ 前面输入的文字还可以重新编辑，使用选择工具 **▶** 单击文字，出现控制框就代表处于选择状态，

可以修改文本属性。

⑩ 如果要修改字符或者要继续输入新的字符，双击文本，调整书写光标的位置，然后继续输入即可，也可以刷选要修改的字符，被选字符呈蓝色选取状态，然后输入新的字符，如图 6-60 所示。

◀ 图 6-58 ▶　　◀ 图 6-59 ▶　　◀ 图 6-60 ▶

⑪ 关闭字幕编辑器并保存文件。拖曳时间线指针，查看滚动字幕的动画效果，如图 6-61 所示。

◀ 图 6-61 ▶

⑫ 在时间线面板上调整字幕的长短，即可调整字幕运动的速度，如图 6-62 所示。

⑬ 如果要改变滚动字幕的方式，还可以通过字幕设置。在时间线上右键单击滚动字幕，从弹出的菜单中选择"字幕详细设置"命令，弹出"字幕详细设置"对话框，设置滚动字幕的出入时间和位置，如图 6-63 所示。

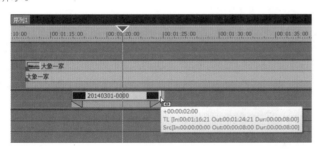 

◀ 图 6-62 ▶　　　　　　　　◀ 图 6-63 ▶

⑭ 拖曳时间线指针，查看滚动字幕的动画效果，字幕滚动到最后一屏就会停止下来，然后淡出，如图 6-64 所示。

◀ 图 6-64 ▶

6.2　NewBlue Titler Pro 字幕插件

EDIUS 7 已经具备了很强的字幕功能，但在 3D 文本效果方面以及字幕的动画方面还缺乏一些特色，下面介绍一个能带来字幕动画特效的插件 NewBlue Titler Pro 2.0。文字的编辑、图像导入等一些基本操作暂跳过，以制作一个 3D 运动字幕为例，重点讲解一下样式、效果、动画等预设的运用。

1 激活视频轨道 2V，单击时间线顶部的字幕按钮 **T.**，从弹出的下拉菜单中选择 "NewBlue Titler Pro 2.0" 命令，打开字幕编辑器，我们先认识一下工作界面，如图 6-65 所示。

2 输入字符 "vfx798.cn"，在字幕编辑窗口顶部可以选择字体、字号、对齐等文本属性，如图 6-66 所示。

◀图 6-65▶　　　　　　　　　　　　　　　◀图 6-66▶

3 单击 Library 选项卡，这个库集合了效果、灯光、图形、样式、模板、转场等，然后单击 Styles 按钮，在左侧打开样式库，移动鼠标，当光标停留在某个样式缩略图上时，编辑窗口就会呈现应用该样式的效果，如图 6-67 所示。

4 单击 Effects，单击 Animation 项，选择第一个动画预设，当鼠标指针放置于动画预设的缩略图上时，可以在预览窗口中查看字幕的动画效果，如图 6-68 所示。

◀图 6-67▶　　　　　　　　　　　　　　　◀图 6-68▶

5 如果选择了合适的动画预设，只需双击该预设即可应用，控制面板直接跳转到 Effects 控制面板，而且可以查看字幕的动画效果，如图 6-69 所示。

◀图 6-69▶

6 根据需要还可以重新设置动画预设、运动方向、速度等。

7 单击 Library 选项卡，展开效果预设库，可以从中选择需要的效果预设，如图 6-70 所示。

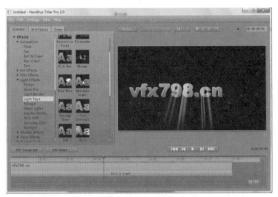

◀ 图 6-70 ▶

8 双击 Effects 选项卡，调整光线效果的参数，如图 6-71 所示。

9 单击 Library 选项卡，从不同的预设组中选择其他的效果预设，如图 6-72 所示。

◀ 图 6-71 ▶

◀ 图 6-72 ▶

10 双击 Effects 选项卡，调整光线效果的参数，如图 6-73 所示。

11 单击 Library 选项卡，单击 Lighting 选项组，查看灯光效果预设，如图 6-74 所示。

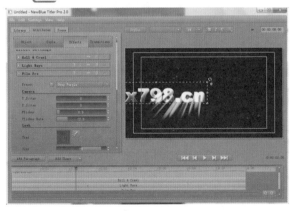

◀ 图 6-73 ▶

◀ 图 6-74 ▶

12 双击该灯光预设，跳转到 Scene（场景）控制面板，在场景面板中可以调整灯光、摄像机、环境等参数，如图 6-75 所示。

13 单击 Library 选项卡，单击 Effects 选项，单击 Starter Pack 项，单击 Reflection 项，如图 6-76 所示。

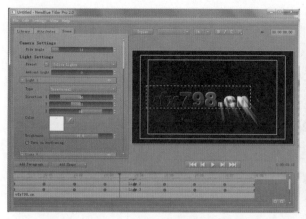

◀ 图 6-75 ▶

◀ 图 6-76 ▶

14 双击 Effects 选项卡，调整效果参数，如图 6-77 所示。

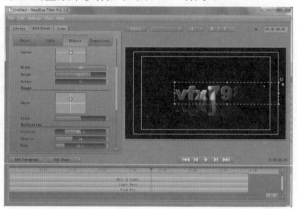

◀ 图 6-77 ▶

15 在底部的时间线控制面板中调整字幕的长度为 8 秒，如图 6-78 所示。

16 关闭字幕编辑器，弹出对话框，单击 Save 按钮，保存该字幕文件，如图 6-79 所示。

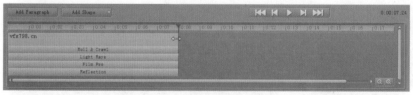

◀ 图 6-78 ▶

◀ 图 6-79 ▶

17 拖曳时间线指针，查看节目预览效果，如图 6-80 所示。

◀ 图 6-80 ▶

18 在时间线上双击字幕，打开字幕编辑器，在 Effect Settings 面板中单击 Light Rays 项的效果开关按钮，关闭该效果，如图 6-81 所示。

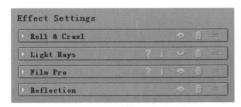

◀图 6-81▶

19 关闭字幕编辑器，弹出对话框，单击 Save 按钮，保存该字幕文件。拖曳时间线指针，查看节目预览效果，如图 6-82 所示。

◀图 6-82▶

6.3 Heroglyph Titler 高级字幕工具

EDIUS 7 还有一个更强大的字幕图形工具 Heroglyph Titler，相当丰富的模板可以大大提高后期的效率。首先来了解一下 Heroglyph Titler 的界面。

激活视频轨道 2V，单击时间线面板顶端的创建字幕按钮，从下拉菜单中选择 Heroglyph Titler 命令，弹出启动图标，稍等待一些时间，打开 proDAD Heroglyph 的快速启动界面，如图 6-83 所示。

◀图 6-83▶

▶ 范本：预存的大量的字幕模板。

▶ 路径：创建和编辑运动路径。

▶ 视讯墙：电视墙样式。

▶ 电子相簿：创建电子相册。

▶ Script（脚本）：创建手写的脚本动画。

我们先进入模板看一看。单击"范本"按钮，打开模板库，如图 6-84 所示。

从左侧的文件夹来看，分为 8 个类别，每个类别中又包含了很多组，每一组中包含很多个模板，可想而知，这里为我们提供了多么丰富的资源。

下面大致看看这些模板是不是值得我们期待和欣喜。单击左侧的"庆祝活动"文件夹，单击"事件"文件夹，在右侧会展示其中的模板，单击其中一个，会动画显示模板的预览，如图 6-85 所示。

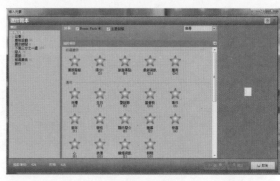

◀ 图 6-84 ▶

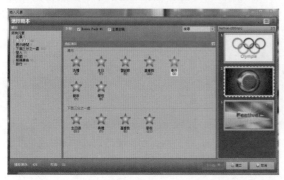 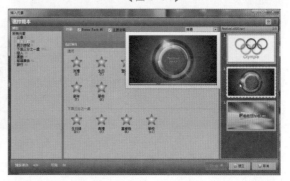

◀ 图 6-85 ▶

单击下一个文件夹"新年"，如图 6-86 所示。

◀ 图 6-86 ▶

在左侧单击"恋人"文件夹，单击"心"文件夹，在右侧会展示其中的模板，单击其中一个，会动画显示模板的预览，如图 6-87 所示。

 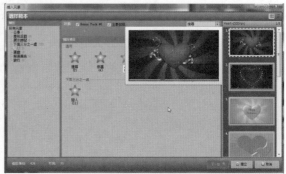

◀ 图 6-87 ▶

单击下一个文件夹"浪漫"，其中也包含多个模板，如图 6-88 所示。

还有一些模板可以用来制作提示字幕的边框，单击下一个文件夹"下三分之一处"，包含 9 个模板组，如图 6-89 所示。

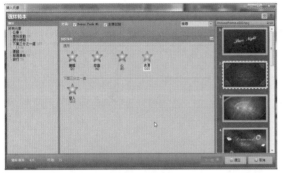

◀ 图 6-88 ▶

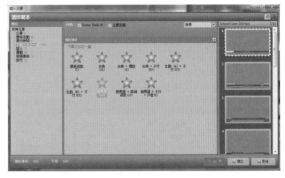

◀ 图 6-89 ▶

在右侧单击第三个模板缩略图，查看该字幕边框的效果，如图 6-90 所示。

在左侧单击"运动"文件夹，单击"得分"文件夹，在右侧会展示其中的模板，单击其中一个，会动画显示模板的预览，如图 6-91 所示。

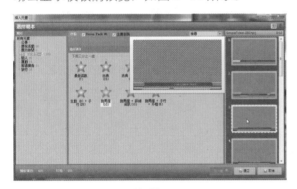

◀ 图 6-90 ▶

◀ 图 6-91 ▶

通过查看这几个模板，我们对模板库有了大概的了解，以后在使用的时候也能得心应手。下面创建一个完整的字幕文件。

1 首先选择一个模板，比如在左侧单击"所有元素"文件夹，在中间的模板库中单击"显示简介"文件夹，移动鼠标指针到右侧的模板缩略图上查看动画效果，如图 6-92 所示。

2 选择右侧第四个模板，双击该缩略图或者单击底部的"建立"按钮，弹出"插入元素"面板，可以根据需要对元素进行修改，如图 6-93 所示。

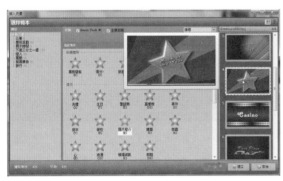

◀ 图 6-92 ▶

◀ 图 6-93 ▶

3 单击"插入"按钮，进入模板编辑面板，在这里可以对组成字幕的各图层进行修改，如图6-94所示。

4 在右侧图层栏中双击第一个text层，这样就可以选择和编辑文本了，如图6-95所示。

◀图6-94▶

◀图6-95▶

5 查看底部的时间线，如图6-96所示。

6 单击顶部的"插入元素"按钮，可以选择新的插入对象，如图6-97所示。

◀图6-96▶

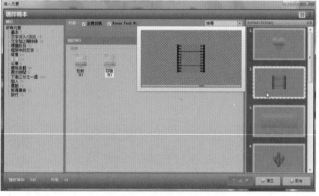
◀图6-97▶

7 单击右下角的"建立"按钮，可以对插入的元素进行设置，如图6-98所示。

8 单击右下角的"插入"按钮，在时间线上也可以看到新元素的添加，如图6-99所示。

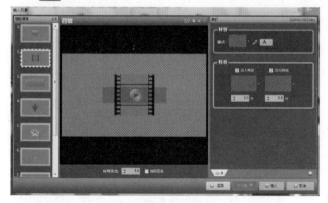
◀图6-98▶

◀图6-99▶

9 在时间线上调整新插入元素的位置，如图6-100所示。

10 在预览视图中根据需要调整个别元素的位置和大小，如图6-101所示。

◀ 图 6-100 ▶　　　　　　　　　　　　　　　　◀ 图 6-101 ▶

11 为了方便调整这些元素，可以单击某个元素左上角的小图标，关闭其显示，如图 6-102 所示。

12 选择文本，单击顶部的"设计"按钮，可以调整文字的字体等样式，如图 6-103 所示。

◀ 图 6-102 ▶　　　　　　　　　　　　　　　　◀ 图 6-103 ▶

13 单击顶部的"动画"按钮，可以选择文字动画的预设，如图 6-104 所示。

◀ 图 6-104 ▶

14 单击底部的播放按钮，查看字幕的效果，如图 6-105 所示。

◀ 图 6-105 ▶

15 在右侧的图层栏选择第 3 个层 Symbol，单击顶部的"动画"选项卡，单击"淡入特效"按钮，选择一个合适的特效预设，如图 6-106 所示。

⑯ 在底部的时间线面板中调整淡入特效的长度到 3 秒，如图 6-107 所示。

◀ 图 6-106 ▶

◀ 图 6-107 ▶

⑰ 拖曳时间线指针，查看字幕的动画效果，如图 6-108 所示。

◀ 图 6-108 ▶

⑱ 单击字幕编辑器右上角的 X 图标关闭创建的字幕，在弹出的"是否保存"对话框中单击"是"按钮，指定一个保存该字幕的位置和名称，如图 6-109 所示。

⑲ 在素材库中拖曳该字幕到时间线上，此时并不能看见下层轨道的素材，因为该字幕有一层黑色不透明的背景。双击该字幕，重新打开字幕编辑器，关闭背景，如图 6-110 所示。

 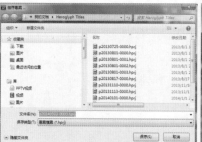 

◀ 图 6-109 ▶

◀ 图 6-110 ▶

⑳ 单击顶端的"套用标题"按钮，保存字幕文件。查看节目窗口预览效果，如图 6-111 所示。

◀ 图 6-111 ▶

现在我们已经对 EDIUS 的字幕工具有了一定的了解，下面将通过实例详细讲解如何创建一个特效字幕。

6.4 实例——制作字幕效果

上面基本介绍了 EDIUS 中三种制作字幕的工具，了解了字幕设置面板的属性以及制作动画字幕的方法，下面就通过具体的实例深入了解一下 EDIUS 的字幕制作技巧。

1 创建一个新的工程，选择合适的预设，如图 6-112 所示。

2 导入一个图片作为字幕的背景，并添加到视频轨道 1VA 中，起点在节目的起点，如图 6-113 所示。

◀图 6-112▶

◀图 6-113▶

3 在素材库中单击鼠标右键，从弹出的菜单中选择"新建素材"|"NewBlue TitlerPro2.0"命令，打开 NewBlue TitlerPro2.0 字幕编辑器，输入字符"VFX798"，如图 6-114 所示。

4 选择一种样式预设，如图 6-115 所示。

◀图 6-114▶

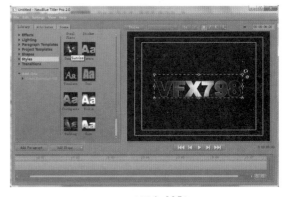

◀图 6-115▶

5 单击 Style 选项卡，调整 3D Face 的参数，如图 6-116 所示。

◀图 6-116▶

6 调整渐变的颜色，如图 6-117 所示。

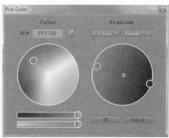

◀图 6-117▶

7 调整 Extrusion 的数值，增加厚度，如图 6-118 所示。

8 调整 Glow 的颜色，改变文字边缘的辉光颜色，如图 6-119 所示。

◀图 6-118▶　　　　　　　　　　　　　　　◀图 6-119▶

9 在右侧的预览视图中调整光照的参数，如图 6-120 所示。

10 在预览视图中继续调整光照的参数，如图 6-121 所示。

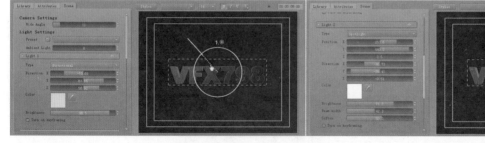

◀图 6-120▶　　　　　　　　　　　　　　　◀图 6-121▶

11 单击右上角的 X 图标，关闭字幕编辑器，在弹出的对话框中单击 Save 按钮，保存字幕，如图 6-122 所示。

12 从素材库中拖曳字幕素材到时间线上的视频轨道 2V 上，起点与节目的起点对齐，设置长度为 2 秒 10 帧，如图 6-123 所示。

13 打开视频布局面板，调整图层的位置和透明度，如图 6-124 所示。

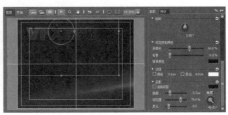

◀ 图 6-122 ▶　　　　◀ 图 6-123 ▶　　　　◀ 图 6-124 ▶

14 导入素材 "光斑"，添加到视频轨道 4V 中，如图 6-125 所示。

◀ 图 6-125 ▶

15 为该素材添加 "相加模式" 到混合轨，查看合成效果，如图 6-126 所示。

16 创建一个新的字幕，输入字符 "vfx798"，在底部的样式库中选择预设 style-11，如图 6-127 所示。

◀ 图 6-126 ▶　　　　　　　　　◀ 图 6-127 ▶

17 在视图中调整文字的位置和大小，如图 6-128 所示。

18 关闭并保存字幕，添加 NewBlue 插件组的聚光灯效果，如图 6-129 所示。

19 打开滤镜控制面板，选择预设 Bright Spot，分别在 12 帧和 1 秒 18 帧位置设置 Center 的位置关键帧，创建灯光由左向右移动的动画，如图 6-130 所示。

◀ 图 6-128 ▶　　　　　　◀ 图 6-129 ▶　　　　　◀ 图 6-130 ▶

20 单击底部的 OK 按钮，关闭滤镜控制面板，拖曳时间线指针查看字幕的动画效果，如图 6-131 所示。

◄ 图 6-131 ▶

[21] 复制素材"光斑"，在视频轨道 3V 上粘贴一次，起点在 2 秒 20 帧处。打开视频布局面板，调整位置和旋转参数，如图 6-132 所示。

[22] 查看节目预览效果，如图 6-133 所示。

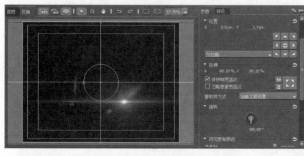

◄ 图 6-132 ▶　　　　　　　　　　　　　　　　◄ 图 6-133 ▶

[23] 创建一个新的字幕，输入字符"飞云裳影音工社"，设置字体等样式参数，如图 6-134 所示。

[24] 添加字幕素材到时间线的视频轨道 2V 中，起点在 2 秒 20 帧，如图 6-135 所示。

[25] 添加叠加模式到混合轨，查看混合效果，如图 6-136 所示。

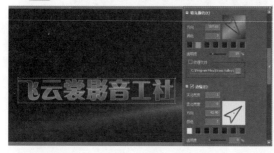

◄ 图 6-134 ▶　　　　　　　◄ 图 6-135 ▶　　　　　　　◄ 图 6-136 ▶

[26] 创建一个新的字幕，如图 6-137 所示。

[27] 添加字幕素材到时间线的视频轨道 3V 中，起点在 2 秒 20 帧，如图 6-138 所示。

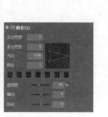

◄ 图 6-137 ▶　　　　　　　　　　　　　　◄ 图 6-138 ▶

[28] 导入图片素材，如图 6-139 所示。

29 拖曳该素材到轨道 5V 上，添加"正片叠底"到混合轨，如图 6-140 所示。

30 打开视频布局面板，调整胶片的位置和缩放参数，如图 6-141 所示。

  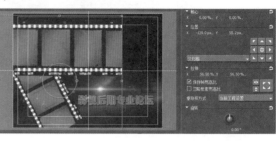

◀图 6-139▶　　　　　　◀图 6-140▶　　　　　　◀图 6-141▶

31 查看节目预览效果，如图 6-142 所示。

◀图 6-142▶

32 复制光斑，放置于轨道 2V 上，起点为 5 秒 20 帧，然后打开视频布局面板，激活 3D 属性，调整素材的位置和旋转参数，如图 6-143 所示。

33 关闭视频布局面板，查看合成效果，如图 6-144 所示。

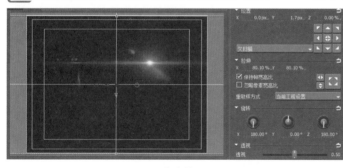 

◀图 6-143▶　　　　　　　　　　　　◀图 6-144▶

34 复制胶片素材，粘贴到轨道 3V 上，打开视频布局面板，调整其位置和拉伸参数，如图 6-145 所示。

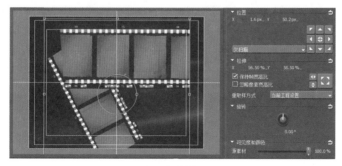

◀图 6-145▶

[35] 拖曳时间线指针，查看合成效果，如图 6-146 所示。

◀ 图 6-146 ▶

[36] 创建一个线的字幕，如图 6-147 所示。

[37] 添加该字幕到轨道 4V 上，起点为 5 秒 20 帧，然后添加位移转场，如图 6-148 所示。

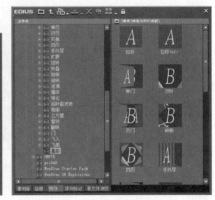

◀ 图 6-147 ▶   ◀ 图 6-148 ▶

[38] 单击"图像"选项卡，设置不透明度，设置关键帧，9 帧数值为 90%，17 帧数值为 70%，23 帧为 80%，1 秒时数值为 0，如图 6-149 所示。

[39] 单击"光照"选项卡，如图 6-150 所示。

◀ 图 6-149 ▶   ◀ 图 6-150 ▶

[40] 设置灯光的关键帧，如图 6-151 所示。

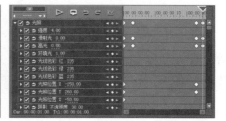

◀ 图 6-151 ▶

41 拖曳当前时间线指针，查看字幕的转场动画效果，如图 6-152 所示。

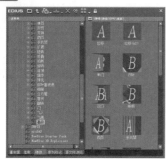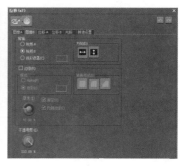

◀ 图 6-152 ▶

42 选择"位移（2）"转场，添加到该字幕素材的末端，如图 6-153 所示。

43 首先设置转场的"图像 A"参数，如图 6-154 所示。

44 设置"图像 B"的参数，如图 6-155 所示。

◀ 图 6-153 ▶　　　　◀ 图 6-154 ▶　　　　◀ 图 6-155 ▶

45 单击"位移 A"选项卡，在时间线的起点创建旋转关键帧，拖曳当前指针到时间线的末端，调整参数，创建第二个关键帧，如图 6-156 所示。

46 单击"位移 B"选项卡，在时间线的起点创建旋转关键帧，设置旋转数值为 -90，拖曳当前指针到时间线的末端，调整数值为 -540，创建第二个关键帧，如图 6-157 所示。

47 单击"光照"选项卡，调整其参数，如图 6-158 所示。

◀ 图 6-156 ▶　　　　◀ 图 6-157 ▶　　　　◀ 图 6-158 ▶

[48] 单击"确定"按钮关闭视频布局面板,拖曳当前时间线指针查看字幕的旋转动画效果,如图 6-159 所示。

◀ 图 6-159 ▶

[49] 单击时间线面板顶端的创建字幕按钮 **T.**,从下拉菜单中选择 Heroglyph Titler 命令,弹出启动图标 **II**,稍等待一些时间,打开 proDAD Heroglyph 的快速启动界面,如图 6-160 所示。

[50] 单击"范本"按钮,选择合适的范本预设,如图 6-161 所示。

◀ 图 6-160 ▶ ◀ 图 6-161 ▶

[51] 单击"建立"按钮,在弹出的"插入元素"对话框中,单击底部的"插入"按钮,然后在打开的控制面板中右侧的图层面板中关闭第一层的显示,如图 6-162 所示。

[52] 关闭字幕编辑器,保存该字幕文件。

[53] 从素材库中拖曳该字幕到时间线上的轨道 5V 上,起点位于 5 秒 20 帧,添加"滤色模式"到混合轨,如图 6-163 所示。

◀ 图 6-162 ▶ ◀ 图 6-163 ▶

[54] 添加"色彩平衡"滤镜,调整色彩参数,如图 6-164 所示。

◀ 图 6-164 ▶

55 拖曳字幕"飞云裳影音工社"到时间线的轨道 4V 上，起点在 7 秒 21 帧，调整视频布局参数，如图 6-165 所示。

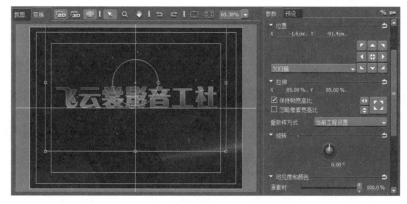

◀ 图 6-165 ▶

56 添加"色彩平衡"滤镜，调整字幕的颜色，如图 6-166 所示。

57 添加"强光模式"到混合轨，查看字幕合成效果，如图 6-167 所示。

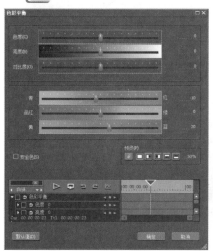

◀ 图 6-166 ▶   ◀ 图 6-167 ▶

58 导入动态素材"光斑 .mov"，在预览窗口中设置入点和出点，如图 6-168 所示。

59 添加光斑素材到时间线的轨道 6V 上，如图 6-169 所示。

◀ 图 6-168 ▶　　　　　　　　　　◀ 图 6-169 ▶

60 添加"相加模式"到混合轨，查看预览效果，如图 6-170 所示。

◀ 图 6-170 ▶

61 创建一个新的字幕，如图 6-171 所示。

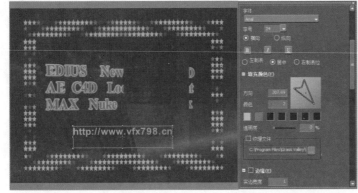 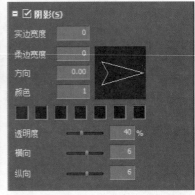

◀ 图 6-171 ▶

62 添加该字幕到轨道 6V 上，起点为 7 秒 21 帧，如图 6-172 所示。

63 导入音乐文件"013.wav"，添加到时间线的轨道 1A 上，末端与节目的末端对齐，如图 6-173 所示。

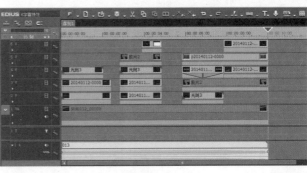

◀ 图 6-172 ▶　　　　　　　　　　◀ 图 6-173 ▶

64 至此，整个影片制作完成，单击播放按钮▶，查看影片预览效果，如图 6-174 所示。

◀ 图 6-174 ▶

6.5 本章小结

本章主要讲解 EDIUS 7 的快捷字幕工具 QuickTitler 和两个常用的外挂高级字幕工具的工作界面和使用技巧，详细讲解了创建字幕、编辑字幕和制作字幕动画特效的方法等。

第7章

EDIUS 视音频特效

除了基本的剪辑功能，在 EDIUS 中还能为视频作品添加丰富的滤镜和转场。在特效面板中列出了包括色彩校正、音频特效、转场、字幕特效、键特效等数百种滤镜和转场特效。

毋庸置疑，特效是后期编辑工作中相当重要的部分，制作人员应该对其效果了然于胸，才能在实际工作时找到合适的解决方案。我们将会在以后的章节中详细讨论。现在，先来看看在 EDIUS 中如何添加并设置滤镜参数。

EDIUS 7 的特效和转场都罗列在特效面板中，分为视频滤镜、色彩校正、音频滤镜、转场、音频淡入淡出、字幕混合、键 7 大类。如果安装了滤镜插件，在特效面板中就会有更多的分类，如图 7-1 所示。

为了方便不同用户的使用，特效面板中有两种显示方式：文件夹视图和树型列表视图。文件夹视图，面板左侧为滤镜种类名称列表，右侧为滤镜的快捷图标方式。某些特效如转场，被鼠标选中的图标还能预演该特效的动画效果，如图 7-2 所示。

单击顶部的按钮，还可以显示有关滤镜的文字信息，如图 7-3 所示。

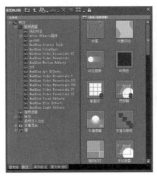 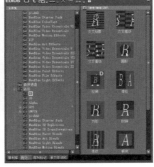 

◀ 图 7-1 ▶　　　　◀ 图 7-2 ▶　　　　◀ 图 7-3 ▶

单击顶部的按钮，从下拉菜单中选择相应的滤镜组，可以快速选择滤镜，如图 7-4 所示。

通过特效面板顶部工具条的隐藏特效视图按钮，可切换其显示方式为树型列表视图，如图 7-5 所示。

 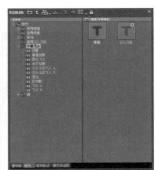 

◀ 图 7-4 ▶　　　　　　　　◀ 图 7-5 ▶

树型列表视图非常简洁，单击顶部对应的图标就可以快速选择相应的滤镜组，比较适合高级用户使用，如图 7-6 所示。

① 特效 / 视频滤镜　② 特效 / 音频滤镜　③ 特效 / 转场
④ 特效 / 音频淡入淡出　⑤ 特效 / 字幕混合　⑥ 特效 / 键

◀ 图 7-6 ▶

 提示　通过单击特效面板右上角的文件夹视图按钮可切换回文件夹视图。

7.1　视频特效概述

　　在特效面板中，单击"视频滤镜"文件夹前面的加号，在右侧展开视频特效列表，包括安装的滤镜插件，如图 7-7 所示。

　　单击"视频滤镜"文件夹，在右侧列表中包括全部的内置滤镜和预设。EDIUS 7 内置了 28 种视频滤镜和 15 种预设，如图 7-8 所示。

◀ 图 7-7 ▶　　　　　　　　　　　　　　　　　◀ 图 7-8 ▶

　　下面逐一讲解滤镜的控制面板和效果实例。

7.1.1　视频滤镜

　　（1）中值：平滑画面，保持画面清晰的同时，减小画面上微小的噪点。相比"模糊"类滤镜，它更适合来改善画质。不过使用较大阈值的话，会呈现出如油画笔触般的效果，如图 7-9 所示。

 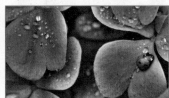 

　　　　效果面板　　　　　　　　　　源素材　　　　　　　　　　处理后

◀ 图 7-9 ▶

　　（2）光栅滚动：创建画面的波浪扭曲变形效果，可以为变形程度设置关键帧，如图 7-10 所示。

  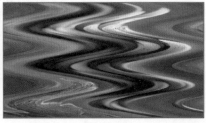

　　　　效果面板　　　　　　　　　　源素材　　　　　　　　　　　　处理后

◀ 图 7-10 ▶

（3）动态模糊：为画面添加"运动残影"特效，对动态程度大的素材特别有效，如图 7-11 所示。

效果面板　　　　　　　　　源素材　　　　　　　　　处理后

◀ 图 7-11 ▶

（4）块颜色：将画面变成一个单色块，经常和其他滤镜联合使用，如图 7-12 所示。

效果面板　　　　　　　　　源素材　　　　　　　　　处理后

◀ 图 7-12 ▶

（5）平滑模糊：使画面产生模糊效果。使用较大的模糊值时，平滑模糊算法更好，画面更柔和，如图 7-13 所示。

效果面板　　　　　　　　　源素材　　　　　　　　　处理后

◀ 图 7-13 ▶

（6）循环幻灯：将图像上、下、左、右复制并连接起来运动，类似"走马灯"的效果，如图 7-14 所示。

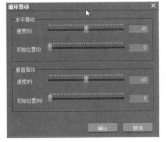

效果面板　　　　　　　　　源素材　　　　　　　　　处理后

◀ 图 7-14 ▶

（7）手绘遮罩：为素材绘制遮罩，不仅可以为遮罩内部或外部区域添加滤镜，也可以实现部分透明的效果，如图 7-15 所示。

效果面板　　　　　　　　　　　源素材　　　　　　　　　　　处理后

◀ 图 7-15 ▶

提示：关于遮罩的应用技巧将在第 9 章视频合成中进行详细讲解。

（8）模糊：通过平衡图像中清晰边缘旁边的像素，使其变得柔和，半径值越大效果越强烈，如图7-16所示。

效果面板　　　　　　　　　　　源素材　　　　　　　　　　　处理后

◀ 图 7-16 ▶

（9）浮雕：让图像立体感，看起来像石版画，如图 7-17 所示。

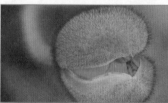

效果面板　　　　　　　　　　源素材　　　　　　　　　　　处理后

◀ 图 7-17 ▶

（10）混合滤镜：将两个滤镜效果以百分比率混合，混合程度可以设置关键帧动画，如图 7-18 所示。

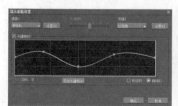

效果面板　　　　　　　　　　　源素材　　　　　　　　　　　处理后

◀ 图 7-18 ▶

提示：关于混合滤镜的应用技巧将在本章后面小节中进行详细讲解。

（11）焦点柔化：与单纯的模糊不同，焦点柔化更类似一个柔焦效果，可以为画面添加一层梦幻般的光晕，如图 **7-19** 所示。

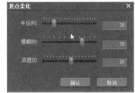

效果面板 　　　　　　　　 源素材 　　　　　　　　 处理后

◀ 图 **7-19** ▶

（12）矩阵：允许对每个像素设置矩阵，从而使图像变得模糊或锐利。矩阵正中间的文本框代表要进行计算的像素点，输入的值会与该像素的亮度值相乘，从 **－ 255** 到 **＋ 255**。周围的文本框代表相邻的像素，输入的值会与该位置的像素的亮度值相乘，当前像素点的亮度值是矩阵所有值相加。启用"标准化"后，亮度相加值再除以输入的 **9** 个值的和，此时当 **9** 个值之和为 **0** 时，该滤镜被禁用（除数为零），如图 **7-20** 所示。

效果面板 　　　　　　　　 源素材 　　　　　　　　 处理后

◀ 图 **7-20** ▶

 提示 推荐初学者使用系统预设中已经设置好的各种矩阵效果。

（13）稳定器：消除实拍素材的抖动，如图 **7-21** 所示。

（14）立体调整：立体素材成组设置。方便的立体效果校正，包括自动画面校正、汇聚面调整、水平 / 垂直翻转等，以及方便的立体多机位编辑，并可对左右眼素材进行视频效果的分辨，提供各种立体预览方式，如左－右、上－下、互补色等，如图 **7-22** 所示。

◀ 图 **7-21** ▶ 　　　　　　　　 ◀ 图 **7-22** ▶

（15）组合滤镜：组合滤镜是对多个滤镜的组合应用，相当于多个滤镜连续作用，如图 **7-23** 所示。

◀ 图 **7-23** ▶

提示　关于组合滤镜的应用技巧将在本章后面小节中进行详细讲解。

（16）老电影：惟妙惟肖地模拟了老电影中特有的帧跳动、落在胶片上的毛发杂物等因素，配合色彩校正使其变得泛黄或者黑白化，可能真的无法分辨出哪个才是真正的"老古董"，也是使用频率较高的一类特效，如图 7-24 所示。

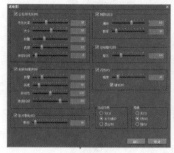

效果面板　　　　　　　　　源素材　　　　　　　　　处理后

◀ 图 7-24 ▶

（17）色度：是非常有用的滤镜，指定一种颜色作为关键色来定义一个选择范围，并在其内部、外部和边缘添加滤镜。比较常见的是配合色彩滤镜进行二次校色，当然，也可以配合其他滤镜来得到一些特殊效果。色度滤镜还可以反复进行嵌套使用，达到对画面的多次校色，如图 7-25 所示。

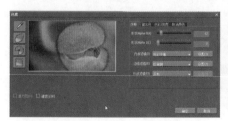
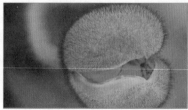
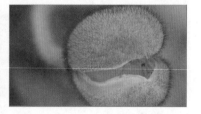

◀ 图 7-25 ▶

（18）视频噪声：为视频添加杂点，适当的数值可以为画面增加胶片颗粒质感，如图 7-26 所示。

效果面板　　　　　　　　　源素材　　　　　　　　　处理后

◀ 图 7-26 ▶

（19）选择通道：将拥有 Alpha 通道的素材显示为黑白信息，可用于轨道间的合成，如图 7-27 所示。

效果面板　　　　　　　　　源素材　　　　　　　　　处理后

◀ 图 7-27 ▶

（20）铅笔画：让画面看起来好像是铅笔素描一样，如图 7-28 所示。

效果面板　　　　　　　　源素材　　　　　　　　处理后

◀ 图 7-28 ▶

（21）锐化：可以锐化对象轮廓，让图像看起来"纤毫毕现"，但同时也会增加图像的颗粒感，如图 7-29 所示。

效果面板　　　　　　　　源素材　　　　　　　　处理后

◀ 图 7-29 ▶

（22）镜像：垂直或者水平镜像画面。实际工作使用时，要小心文字镜像造成镜头的"穿帮"，如图 7-30 所示。

效果面板　　　　　　　　源素材　　　　　　　　处理后

◀ 图 7-30 ▶

（23）闪光灯 / 冻结：可以创造出诸如闪光灯闪动、抽帧之类的特殊效果，如图 7-31 所示。

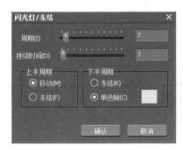  

效果面板　　　　　　　　源素材　　　　　　　　处理后

◀ 图 7-31 ▶

（24）防闪烁：减小电视屏幕中图像的闪烁，对于动态较小的素材非常有效。

 提示　需要在外接的监视器中才能确认其效果。

（25）隧道视觉：让画面看起来像在管中一样。它与"循环滑动"组合使用效果非常有效，如图 7-32 所示。

效果面板　　　　　　　　源素材　　　　　　　　处理后

◀ 图 7–32 ▶

（26）马赛克：使图像看起来像是小方块拼贴而成的效果，如图 7–33 所示。

◀ 图 7–33 ▶

（27）高斯模糊：图像处理中广泛使用的处理效果，通常用它来减少图像噪点以及降低细节层次，如图 7–34 所示。

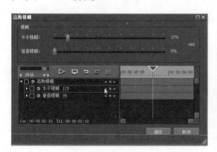
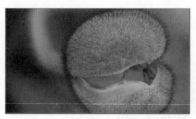
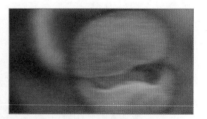

◀ 图 7–34 ▶

（28）转换：这是 EDIUS 7.3 升级后新增的滤镜，控制面板与视频布局面板相似，如图 7–35 所示。

⚙ 7.1.2　视频滤镜预设

在特效面板的视频特效文件夹中，包含了 15 种系统预设的特效组合，方便用户快速选择并使用，而不必进行过多的设置。

（1）垂直线特效：是矩阵特效的预设，如图 7–36 所示。

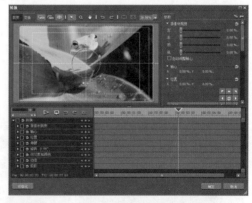

◀ 图 7–35 ▶

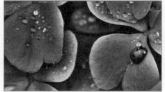

源素材　　　　　　　　　　　　处理后

◀ 图 7–36 ▶

（2）宽银幕：应用矩形遮罩效果的预设，如图 7-37 所示。

（3）平滑马赛克：是马赛克和动态模糊两个滤镜的组合，如图 7-38 所示。

源素材	处理后	源素材	处理后

◀图 7-37 ▶　　　　　　　　　　　　　　　　◀图 7-38 ▶

（4）打印：应用锐化和色彩平衡滤镜模拟打印效果，如图 7-39 所示。

源素材　　　　　　　　　处理后

◀图 7-39 ▶

（5）水平线：也是矩阵特效的预设，如图 7-40 所示。

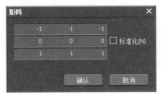  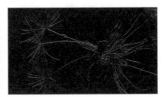

◀图 7-40 ▶

（6）移除 Alpha 通道：移除图像的通道，显示源背景或者用黑色填充，如图 7-41 所示。

◀图 7-41 ▶

（7）稳定器和果冻效应校正：消除素材的抖动和修复果冻缺陷，如图 7-42 所示。

（8）老电影：应用色彩平衡和视频噪声两个滤镜的预设，如图 7-43 所示。

　　　　　　　　　　　　信息面板　　　　　　　源素材　　　　　　　处理后

◀图 7-42 ▶　　　　　　　　　　　　　　◀图 7-43 ▶

（9）虚化（中度）：应用矩阵滤镜的预设效果，如图 7-44 所示。

◀图 7-44▶

（10）虚化（强烈）：应用矩阵滤镜的预设效果，如图 7-45 所示。

（11）虚化（柔和）：应用矩阵滤镜的预设效果，如图 7-46 所示。

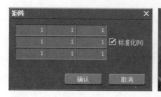

◀图 7-45▶ ◀图 7-46▶

（12）边缘检测：应用矩阵滤镜的预设效果，如图 7-47 所示。

◀图 7-47▶

（13）锐化（中度）：应用矩阵滤镜的预设效果，如图 7-48 所示。

◀图 7-48▶

（14）锐化（强烈）：应用矩阵滤镜的预设效果，如图 7-49 所示。

（15）锐化（柔和）：应用矩阵滤镜的预设效果，如图 7-50 所示。

◀图 7-49▶ ◀图 7-50▶

7.2 组合特效

在 EDIUS 中，组合特效主要是指混合滤镜和组合滤镜，将两个或多个滤镜组合在一起，共同作用于素材。

7.2.1 混合滤镜

混合滤镜，可将两个滤镜效果以百分比率混合，混合程度可以设置关键帧动画，如图 **7-51** 所示。虽然滤镜本身只提供两种效果的混合，但若需要混合多种效果的话，可以嵌套使用。

在时间线上选择一个片段，单击特效选项卡，在"视频滤镜"特效组中选择"混合滤镜"，拖曳该特效到素材上，然后在信息面板中双击该滤镜，打开"混合滤镜设置"对话框。单击对应"滤镜 1"下面的按钮，添加要应用的滤镜，如图 **7-52** 所示。

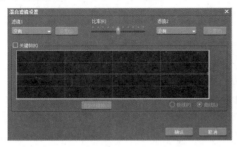 

◀图 7-51 ▶　　　　　　　　◀图 7-52 ▶

单击"设置（S）"按钮，打开刚才添加的颜色轮滤镜的控制面板，对该滤镜的参数进行设置，如图 **7-53** 所示。

单击对应"滤镜 2"下面的按钮，添加要应用的滤镜，如图 **7-54** 所示。

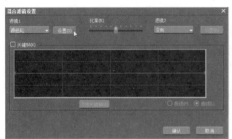  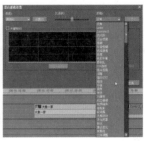

◀图 7-53 ▶　　　　　　　　◀图 7-54 ▶

单击对应"滤镜 2"的"设置（E）"按钮，打开刚才添加的浮雕滤镜的控制面板，对该滤镜的参数进行设置，如图 **7-55** 所示。

 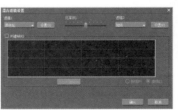 

◀图 7-55 ▶

拖动比率滑块，改变两个滤镜混合作用的比例，如图 **7-56** 所示。

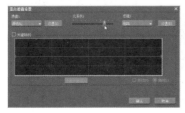 

◀图 7-56 ▶

激活关键帧选项，混合比率可以通过关键帧来控制，如图 7-57 所示。

添加关键帧，可以设置两个滤镜的混合呈现一种动态的变化，如图 7-58 所示。

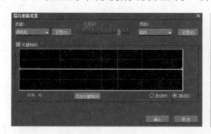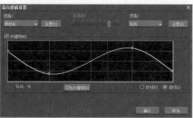

◀ 图 7-57 ▶   ◀ 图 7-58 ▶

拖曳时间线指针，查看该素材应用混合滤镜的效果，如图 7-59 所示。

◀ 图 7-59 ▶

7.2.2　组合滤镜

组合滤镜是对多个滤镜的组合应用，相当于多个滤镜连续作用。

在视频滤镜特效组中选择组合滤镜，拖曳该特效到时间线的素材上，然后在信息面板中双击该混合滤镜，打开"混合滤镜"对话框，如图 7-60 所示。

单击滤镜下面的添加按钮，选择需要的滤镜，如图 7-61 所示。

◀ 图 7-60 ▶   ◀ 图 7-61 ▶

单击右侧对应滤镜的"设置（1）"按钮，打开刚刚添加的 YUV 曲线滤镜的控制面板，设置该滤镜的参数，如图 7-62 所示。

◀ 图 7-62 ▶

单击滤镜下面的第二个添加按钮，选择需要的滤镜，比如"矩阵"，然后进行参数设置，如图 7-63 所示。

单击滤镜下面的第三个添加按钮，选择需要的滤镜，比如"打印"，如图 7-64 所示。

◀ 图 7-63 ▶   ◀ 图 7-64 ▶

单击右侧的对应打印滤镜的"设置（3）"按钮，打开刚添加的打印滤镜的控制面板，设置该滤镜的参数，如图 7-65 所示。

双击色彩平衡滤镜，打开该滤镜的控制面板，调整参数如图 7-66 所示。

◀ 图 7-65 ▶   ◀ 图 7-66 ▶

单击"确定"按钮，关闭滤镜参数设置面板，查看最终的画面效果，如图 7-67 所示。

◀ 图 7-67 ▶

提示　应用组合滤镜所获得的效果与单独使用这些滤镜的效果一样，但对于多个素材应用相同的滤镜来说很方便。

7.3　特效插件

EDIUS 目前支持的插件很多，尤其是预置的特效，更是提高后期工作效率的法宝。但在此建议不要安装过多，根据自己的工作性质，安装一些典型的使用频率较高的插件，就能获得很完美的后期效果，并有效提高工作效率。下面介绍两组常用的插件 proDAD 和 NewBlue。

7.3.1 proDAD Vitascene 特效

在 proDAD 特效文件夹中包含两个选项，
Vitascene Filter 是创建视觉特效的，Heroglyph
Filter 是很不错的字幕工具，前面已经讲解过，如
图 7-68 所示。

在时间线上选择一段素材，添加 Vitascene
Filter 滤镜，在信息面板中双击打开滤镜控制面板，
如图 7-69 所示。

在预设项目组中选择一个需要的效果组，如
图 7-70 所示。

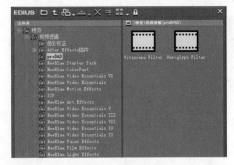

◀ 图 7-68 ▶

◀ 图 7-69 ▶

◀ 图 7-70 ▶

从打开的效果预设组中选择一种合适的效果，在右侧的预览窗口中可以查看加载效果后的素材，在
底部也会显示该效果的控制参数，如图 7-71 所示。

如果不满意当前的效果，可以继续选择其他预设组中的其他效果，如图 7-72 所示。

◀ 图 7-71 ▶

◀ 图 7-72 ▶

如果满意当前的效果，单击控制面板右上角的图标 ，关闭滤镜控制面板并保存，在节目窗口中可
以预览效果，如图 7-73 所示。

除了一些调整颜色和光影的效果预设之外，还有很多文字发光方面的效果，如图 7-74 所示。

◀ 图 7-73 ▶

◀ 图 7-74 ▶

我们可以选择一个扫光效果预设，查看一下效果，如图 7-75 所示。

在参数面板中调整扫光参数，比如"长度"为 28，"光晕强度"为 88，如图 7-76 所示。

◀ 图 7-75 ▶   ◀ 图 7-76 ▶

单击控制面板右上角的图标，关闭滤镜控制面板并保存设置，在节目窗口中可以预览效果，如图 7-77 所示。

在右侧预览窗口底部的时间线上调整关键帧，如图 7-78 所示。

◀ 图 7-77 ▶   ◀ 图 7-78 ▶

关闭控制面板，查看文字发光的动画效果，如图 7-79 所示。

◀ 图 7-79 ▶

Vitascene Filter 滤镜组中还包含了转场预设组，其中包含多种转场特效，如图 7-80 所示。

◀ 图 7-80 ▶

提示 关于 Vitascene Filter 转场特效的使用在前面的第 5 章中进行了详细的讲解。

7.3.2 NewBlue 特效组

NewBlue 开发的滤镜很多，分成了多个文件夹，包括运动效果、艺术效果、绘画效果、胶片效果和光照效果等，如图 7-81 所示。

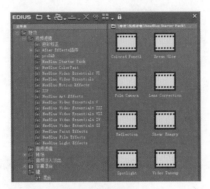

◀图 7-81▶

除了 ColorFast（快速校色）文件夹中只有一个选项外，其他文件夹中又包含了多个滤镜，如图 7-82 所示。

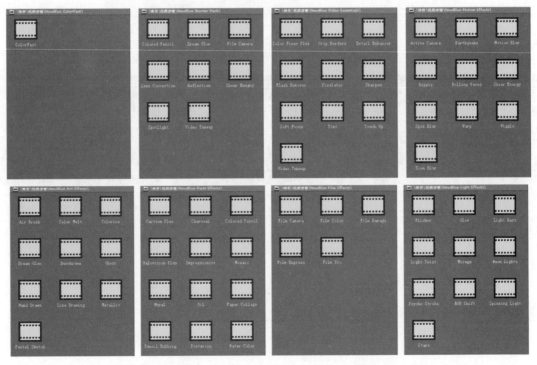

◀图 7-82▶

下面以 ColorFast（快速校色）为例，查看 NewBlue 滤镜控制面板的特点。选择一段素材，添加到视频轨道上，在预览视图中查看素材内容，如图 7-83 所示。

添加 ColorFast（快速校色）滤镜，打开滤镜面板，其中包括很复杂的参数项，如图 7-84 所示。

◀ 图 7-83 ▶   ◀ 图 7-84 ▶

这个滤镜控制项比较烦琐，单击右上角的 P 按钮，从下拉菜单中选择快速校色预设，如图 7-85 所示。

◀ 图 7-85 ▶

再选择一个其他的预设，查看快速校色之后的效果，如图 7-86 所示。

◀ 图 7-86 ▶

除了选择预设快速校色之外，也可以根据自己的需要调整参数。首先单击右上角的 P 按钮，从下拉菜单中选择 Reset to None（复位到初始）命令，使滤镜参数恢复到默认，然后调整下面的参数，比如 Correction（校正）、Saturation（饱和度）、Exposure（曝光）等，如图 7-87 所示。

◀ 图 7-87 ▶

中间的 Secondary（二级）参数用于二级校色，选择颜色或亮度的范围，这一点与前面见过的"三路色彩校正"很相似，道理也是一样的，如图 7-88 所示。

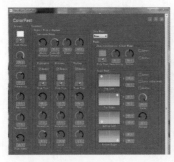

◀ 图 7-88 ▶

在右侧的 Show Mask（显示遮罩）参数栏中，选择相应的作为 Mask（遮罩）的选项，如图 7-89 所示。

勾选 Enable（激活）复选框，选择 Show Mask（显示遮罩）的类型为 None（没有），如图 7-90 所示。

◀ 图 7-89 ▶   ◀ 图 7-90 ▶

调整二级校色的参数，如图 7-91 所示。

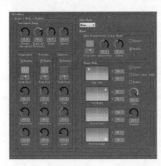

◀ 图 7-91 ▶

接下来更换遮罩的形状和位置，调整画面四角，使其稍变暗一些，如图 7-92 所示。

◀ 图 7-92 ▶

在 Show Mask 下拉菜单中选择 shape mask 选项，可以在预览视图中查看遮罩的形状和位置，方便调整，如图 7-93 所示。

如果需要色调随着时间而变化，则可以在参数面板的底部控制参数关键帧，如图 7-94 所示。

◀ 图 7-93 ▶   ◀ 图 7-94 ▶

再以 NewBlue Motion Effects 文件夹中的 Rolling Waves 滤镜为例，查看参数面板，如图 7-95 所示。

该滤镜同样有丰富的预设，如图 7-96 所示。

◀ 图 7-95 ▶   ◀ 图 7-96 ▶

一些插件的应用和自带的滤镜在使用方法上没有太大区别，将在后面综合实例部分讲解具体的应用。

7.4 音频滤镜

EDIUS 中的音频滤镜相对数量较少，包含 8 个音频滤镜和 8 个预设，如图 7-97 所示。

下面先简单介绍一下音频滤镜的含义和功能。

▶ 低通滤波：低于某给定频率的信号可有效传输，而高于此频率（滤波器截止频率）的信号将受到很大衰减。通俗地说，低通滤波除去高音部分（相对），如图 7-98 所示。

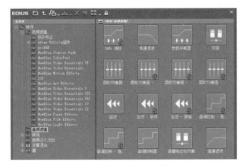
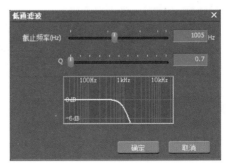

◀ 图 7-97 ▶   ◀ 图 7-98 ▶

▶ 高通滤波：高于某给定频率的信号可有效传输，而低于此频率（滤波器截止频率）的信号将受到很大衰减。通俗地说，高通滤波除去低音部分（相对），如图 7-99 所示。

▶ 参数平衡器：属于均衡器一类的工具。均衡器将整个音频频率范围分为若干个频段，用户可以对不同频率的声音信号进行不同的提升或衰减，以达到补偿声音信号中欠缺的频率成分和抑制过多的频率成分的目的。图形均衡器如图 7-100 所示。

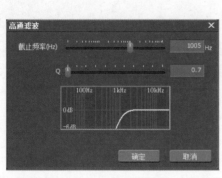

◀ 图 7-99 ▶ 　　　　　　　 ◀ 图 7-100 ▶

● 20Hz~50Hz 部分：低频区，也就是常说的低音区。适当的调节会增进声音的立体感，突出音乐的厚重和力度，适合表现乐曲的气势恢宏。但提升过高的话，会降低音质的清晰度，感觉混浊不清。

● 60Hz~250Hz 部分：低频区，适合表现鼓声等打击乐器的音色，提升这一段可使声音丰满，但同样，过度提升也会使声音模糊。

● 250Hz~2KHz 部分：这段包含了大多数乐器和人声的低频谐波，因此它的调节对还原乐曲和歌曲的效果都有很明显的影响。如果提升过多会使声音失真，但设置过低又会使背景音乐掩盖人声。

● 2kHz~5KHz 部分：这段表现的是音乐的距离感，提升这一频段，会使人感觉与声源的距离变近了，而衰减就会使声音的距离感变远，同时它还影响着人声和乐音的清晰度。

● 5kHz~16kHz 部分：高频区，提升这段会使声音洪亮、饱满，但清晰度不够；衰减时声音会变得清晰，可音质又略显单薄。该频段的调整对于歌剧类的音频素材相当重要。

▶ 图形均衡器：如图 7-101 所示。

▶ 音调控制器：如图 7-102 所示。

▶ 变调：转换音调的同时保持音频的播放速度，如图 7-103 所示。

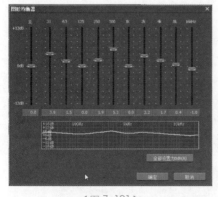 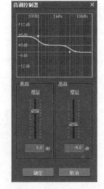 

◀ 图 7-101 ▶ 　　　　 ◀ 图 7-102 ▶ 　　　　 ◀ 图 7-103 ▶

▶ 延迟：调节声音的延迟参数，使其听上去像是有回声一样，增加听觉空间上的空旷感，如图 7-104 所示。

▶ 音量电位与均衡：分别调节左右声道和各自的音量，是 EDIUS 中一个使用非常频繁的音频滤镜，如图 7-105 所示。

接下来介绍音频滤镜的预设。

（1）1kHz 消除：在参数平衡器中将 1kHz 波段降低到完全消除，如图 7-106 所示。

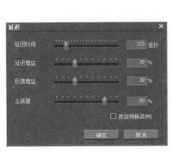

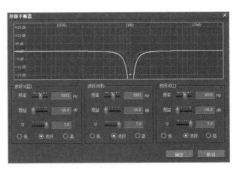

◀ 图 7-104 ▶　　　◀ 图 7-105 ▶　　　◀ 图 7-106 ▶

（2）图形均衡器 - 低音增强：利用图形均衡器提升低频段 31Hz、63Hz 和 125Hz，增强低音，使声音丰满，如图 7-107 所示。

（3）图形均衡器 - 音量 50%：利用图形均衡器直接降低主音轨至 50%，如图 7-108 所示。

（4）图形均衡器 - 高音增强：利用图形均衡器提升高频段 4kHz、8kHz 和 16kHz 的音量，使声音洪亮，如图 7-109 所示。

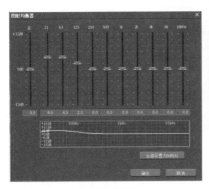

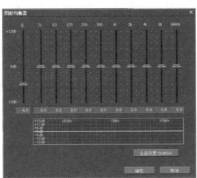

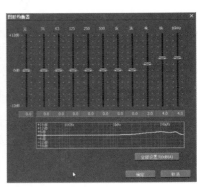

◀ 图 7-107 ▶　　　◀ 图 7-108 ▶　　　◀ 图 7-109 ▶

（5）延迟 - 取样：通过采样设置声音的延迟参数，产生回声效果，增加听觉上的空旷感，如图 7-110 所示。

（6）延迟 - 缺省：设置默认的声音延迟参数，产生回声效果，如图 7-111 所示。

（7）音调控制 - 低音增强：利用音调控制器提升低音增益，增进声音的立体感，如图 7-112 所示。

（8）音调控制 - 高音增强：利用音调控制器提升高音增益，使声音洪亮，如图 7-113 所示。

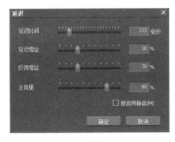

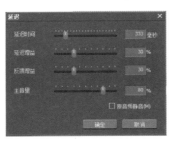

◀ 图 7-110 ▶　　　◀ 图 7-111 ▶　　　◀ 图 7-112 ▶　　　◀ 图 7-113 ▶

7.5 实例——金爵士咖啡广告

本实例通过一系列滤镜的组合，根据制作需求，令素材呈现出特殊的画面风格，如图 7-114 所示。

◀ 图 7-114 ▶

1 新建一个工程，命名为"咖啡广告"，如图 7-115 所示。

◀ 图 7-115 ▶

2 在素材库中单击鼠标右键，从弹出的菜单中选择"添加文件"命令，导入需要的素材。

3 拖曳素材"墙纸"到时间线面板的轨道 1VA 上，打开视频布局面板，调整素材的比例，具体设置如图 7-116 所示。

4 添加素材"桌布"到轨道 2V 上，打开视频布局，激活 3D 属性，调整位置、旋转等参数，如图 7-117 所示。

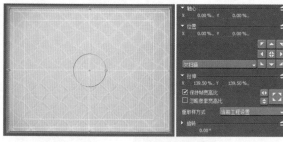

◀ 图 7-116 ▶

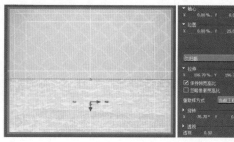

◀ 图 7-117 ▶

5 新建一个色块素材，设置参数及颜色值，如图 7-118 所示。

6 添加到时间线的轨道 3V 上，并添加"强光模式"到混合轨。查看节目预览效果，如图 7-119 所示。

◀ 图 7-118 ▶

◀ 图 7-119 ▶

7 为了消除桌面与壁纸交界处太过明显的痕迹，选择素材"桌布"，添加"手绘遮罩"滤镜，如图 7-120 所示。

8 在素材库中新建一个序列，自动命名为"序列 2"，双击并打开时间线面板。

9 从素材库中拖曳序列 1 到序列 2 的时间线上，添加杯子的动画素材 cup.tga 序列到轨道 2V 上，因为自带 Alpha 通道，就直接透出了序列 1 作为背景，如图 7-121 所示。

◀ 图 7-120 ▶

◀ 图 7-121 ▶

10 打开视频布局面板，设置阴影参数，如图 7-122 所示。

11 因为杯子素材是由 3ds Max 渲染输出的，尺寸与序列的尺寸不一样，需要添加一个遮幅。创建一个字幕，绘制两个黑色矩形，如图 7-123 所示。

◀ 图 7-122 ▶   ◀ 图 7-123 ▶

12 为杯子素材添加 YUV 曲线滤镜，调整杯子的色调，如图 7-124 所示。

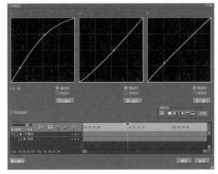

◀ 图 7-124 ▶

13 杯子的素材中包含了摄像机的推镜头动画，在此需要调整作为背景的"序列 1"跟随运动。打开视频布局面板，激活 3D 属性，拖曳时间线到 2 秒位置，创建位置和 X 轴旋转的第一个关键帧，如图 7-125 所示。

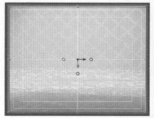 

◀ 图 7-125 ▶

14 拖曳时间线到 2 秒 15 帧，调整位置和 X 轴旋转的参数，创建第二组关键帧，如图 7-126 所示。

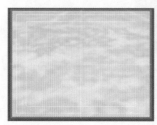

◀ 图 7-126 ▶

15 单击"确定"按钮，关闭视频布局面板，拖曳时间线指针查看节目预览效果，如图 7-127 所示。

◀ 图 7-127 ▶

16 添加烟雾素材"Drop-1"到轨道 4V 上，添加"滤色模式"到混合轨。

17 添加手绘遮罩滤镜，在信息面板中拖曳该滤镜到视频布局的上一级，然后双击并打开该滤镜控制面板，绘制一个椭圆遮罩，并设置柔化等参数，如图 7-128 所示。

18 再打开视频布局面板，激活 3D 属性，调整位置、比例和旋转参数，拖曳时间线到 2 秒处，创建第一个关键帧，如图 7-129 所示。

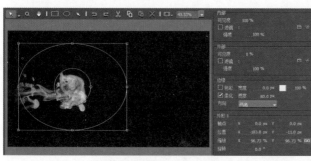 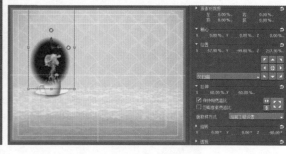

◀ 图 7-128 ▶　　　　　　　　　　　　　　◀ 图 7-129 ▶

19 拖曳时间线到 2 秒 15 帧，调整位置、比例和旋转参数，创建第二个关键帧，如图 7-130 所示。

20 拖曳时间线到 2 秒 10 帧，调整 X、Y 轴向位置的参数，添加一个关键帧，如图 7-131 所示。

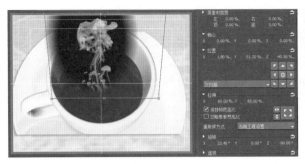

◀ 图 7-130 ▶   ◀ 图 7-131 ▶

21 单击"确定"按钮，关闭视频布局面板，拖曳时间线指针查看节目预览效果，如图 7-132 所示。

22 在时间线面板上展开轨道 4V，激活 MIX，拖曳当前指针到 2 秒，为混合轨道添加关键帧，调整末端的关键帧数值到 0，实现烟雾的淡出效果，如图 7-133 所示。

◀ 图 7-132 ▶   ◀ 图 7-133 ▶

23 在素材库中双击动态花饰素材"花藤"，设置入点和出点，如图 7-134 所示。

24 添加该素材到轨道 4V 上，紧邻第一段烟雾素材的末端，然后添加绿色模式到混合轨。

25 打开视频布局面板，调整素材的比例和位置参数，如图 7-135 所示。

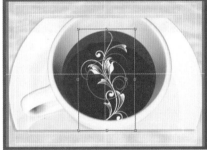

◀ 图 7-134 ▶   ◀ 图 7-135 ▶

26 单击"确定"按钮，关闭视频布局面板，拖曳时间线指针查看节目预览效果，如图 7-136 所示。

◀ 图 7-136 ▶

27 调整该素材的 MIX 参数。右键单击第一个关键帧，从弹出的菜单中选择"移动"命令，在弹出的调节点面板中设置数值为 60%，如图 7-137 所示。

28 拖曳时间线指针到 5 秒，添加一个关键点，同样设置调节点的值为 60%，拖曳最后一个关键点的数值到 0，创建该素材的淡出效果，如图 7-138 所示。

29 选择花藤素材，添加 New Blue Color Fast 滤镜，快捷地调节该素材的颜色。在信息面板中双击该滤镜，打开其控制面板，单击 Primary 下方的色块，将默认的白色调整成蓝色，如图 7-139 所示。

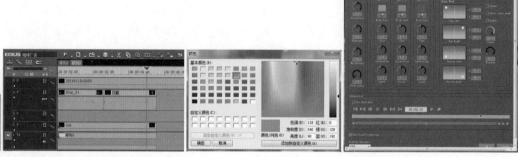

◀ 图 7-137 ▶   ◀ 图 7-138 ▶   ◀ 图 7-139 ▶

30 单击 OK 按钮，关闭滤镜控制面板，拖曳时间线指针查看节目预览效果，如图 7-140 所示。

◀ 图 7-140 ▶

31 在素材库中双击实拍素材"现实 1"，在素材预览窗口中查看素材内容并设置入点和出点，如图 7-141 所示。

32 添加该素材到时间线的轨道 3V 上，起点为 5 秒。

33 选择该素材，添加 proDAD 插件组中的 Vitascene Filter 滤镜，如图 7-142 所示。

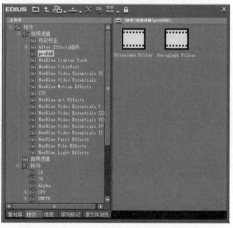

◀ 图 7-141 ▶   ◀ 图 7-142 ▶

34 在信息面板中双击该滤镜，打开滤镜控制面板，从预设库中选择合适的选项，双击该项的缩略图，将效果应用于素材，在右侧的预览窗口中查看效果，如图 7-143 所示。

35 单击预设库下方的颜色调整选项卡，调整颜色参数，如图 7-144 所示。

◀ 图 7-143 ▶   ◀ 图 7-144 ▶

36 在右侧取消勾选"主画格"复选框，整段素材应用一致的效果参数，如图 7-145 所示。

37 单击控制面板右上角的 X 图标，关闭该面板，在弹出的对话框中单击"是"按钮，保存并应用设置好的滤镜参数。

38 在素材库中单击鼠标右键，从弹出的菜单中选择"新建素材" | "QuickTitler"命令，打开字幕编辑器，输入字符"金爵士咖啡"，设置字体、填充颜色、边缘和阴影参数，如图 7-146 所示。

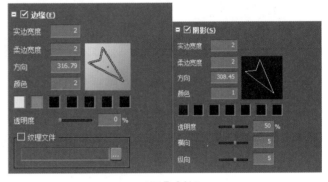

◀ 图 7-145 ▶   ◀ 图 7-146 ▶

39 调整文字的位置和大小，如图 7-147 所示。

40 添加该字幕素材到轨道 4V 上，起点为 8 秒，终点为 11 秒。

41 在信息面板中打开视频布局面板，调整字幕素材的轴心和旋转参数，如图 7-148 所示。

◀ 图 7-147 ▶   ◀ 图 7-148 ▶

42 为该字幕添加"溶化"转场特效，创建字幕的淡入动画。

43 选择该素材，添加 proDAD 插件组中的 Vitascene Filter 滤镜。打开滤镜控制面板，从预设库中选择合适的选项，双击该项的缩略图，将效果应用于素材，在右侧的预览窗口中查看效果，如图 7-149 所示。

◀图 7-149 ▶

44 单击控制面板右上角的 X 图标，关闭该面板，在弹出的对话框中单击"是"按钮，保存并应用设置好的滤镜参数。

45 拖曳时间线指针，查看字幕的预览效果，如图 7-150 所示。

◀图 7-150 ▶

46 导入音乐文件"生活小贴士 .wav"，并添加到音频轨道 1A 中。

47 至此，该广告片制作完成，保存工程。单击播放按钮▶，查看影片的预览效果，如图 7-151 所示。

◀图 7-151 ▶

7.6　本章小结

　　本章主要用图例的方式介绍了 EDIUS 7 的视频特效，着重讲解了组合特效和典型插件的运用，最后以实例全面讲解特效的综合运用技巧。

第 8 章

色彩控制

在视频制作过程中，由于电视系统能显示的亮度范围要小于计算机显示器的显示范围，一些在电脑屏幕上鲜亮的画面也许在电视机上将出现细节缺失等影响画质的问题，因此，专业的制作人员必须知道，应根据播出要求来控制画面的色彩。同时，在后期制作过程中，制作人员还常常需要对画面进行校色和调色。除了练就一双色彩感敏锐的眼睛以外，正确使用 EDIUS 为我们提供的示波器，也将使色彩调校的工作事半功倍。

8.1　矢量图与示波器

视频信号由亮度信号和色差信号编码而成，因此，示波器按功能可分为矢量示波器和波形示波器，在 EDIUS 中，它们可由"矢量图和示波器"命令开启，如图 8-1 所示。

在"矢量图 / 示波器"面板最左侧是信息区，然后是矢量图和示波器。

矢量图是一种检测色相和色饱和度的工具，它以极坐标的方式显示视频的色度信息。矢量图中矢量的大小，也就是某一点到坐标原点的距离，代表色饱和度。矢量的相位，即某一点和原点的连线与水平 Yl—B 轴的夹角，代表色相。在矢量图中，R、G、B、Mg、Cy、Yl 分别代表彩色电视信号中的红色、绿色、蓝色及其对应的补色：青色、品红和黄色，如图 8-2 所示。

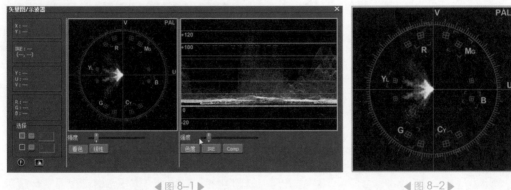

◀ 图 8-1 ▶　　　　　　　　　　　　　　　◀ 图 8-2 ▶

圆心位置代表色饱和度为 0，因此黑色、白色和灰色都在圆心处，离圆心越远饱和度越高。标准彩条颜色都落在相应"田"字的中心。

如果饱和度向外超出相应"田"字的中心，就表示饱和度超标，必须进行调整。对于一段视频来讲，只要色彩饱和度不超过由这些"田"字围成的区域，就可认为色彩符合播出标准。纯色的点都表示在"田"字以外，所以在电视后期制作中应避免使用纯色。

波形示波器主要用于检测视频信号的幅度和单位时间内所有脉冲扫描图形，让用户看到当前画面亮度信号的分布。

波形示波器的横坐标表示当前帧的水平位置，纵坐标在 NTSC 制式下表示图像每一列的色彩密度，单位是 IRE；在 PAL 制式下则表示视频信号的电压值。在 NTSC 制式下，以消隐电平 0.3V 为 0 IRE，将 0.3-1V 进行 10 等分，每一等分定义为 10 IRE。

我国 PAL/D 制电视技术标准对视频信号的要求是：全电视信号幅度的标准值是 1.0V（p-p 值），以消隐电平为零基准电平。其中，同步脉冲幅度为向下的 -0.3V，图像信号峰值白电平为向上的 0.7V（即 100%），允许突破但不能大于 0.8V（更准确地说，亮度信号的瞬间峰值电平为 0.77V，全电视信号的最高峰值电平为 0.8V）。

在制作过程中，可以运用矢量图和示波器来作为校色和调色的依据，观察整个画面的色饱和度，色彩偏向、亮度以及检查色彩是否超标。如果视频亮度信号幅度超过允许值的 20%、30% 将会造成白限幅，影响画面的层次感。黑电平过高会使画面有雾状感，清晰度不高，整个画面因此灰蒙蒙一片。而黑电平过低，正常情况下虽突出图像的细节，但会因图像偏暗或缺少层次，显得非常厚重，色彩不清晰自然，肤色出现失真。

在 EDIUS 中，除了"白平衡"和"单色"外，其他校色滤镜都提供了一个"安全色"选项，如图 8-3 所示。

◀ 图 8-3 ▶

勾选这个复选框，EDIUS 会自动将画面的亮度限制在 0~100IRE 之间。

通过示波器可以发现，软件只是简单地削去峰值和最低值而已，这意味着画面高光和阴影部位的细节损失。同时，"安全色"选项并不会对画面的饱和度进行任何调整，所以，对于一些对比度较大、细节丰富的画面来说，我们应通过校色手段来保证整个波形的峰值大部分落在 0~100IRE 范围内，饱和度落在上文所述的"田"字范围内，而不是仅仅简单地使用"安全色"选项来校正超标画面。

8.2 校色与色彩匹配

下面来看一下在实际情况中，如何进行校色和色彩匹配工作。

8.2.1 色彩校正滤镜

视频滤镜中相当重要的一个类别就是色彩校正类滤镜，如图 8-4 所示。

（1）YUV 曲线：亮度信号被称作 Y，色度信号是由两个互相独立的信号组成的。视颜色系统和格式不同，两种色度信号经常被称作 U 和 V，或 Pb 和 Pr，或 Cb 和 Cr。与传统的 RGB 调整方式相比，YUV 曲线更符合视频的传输和表现原理，大大增强校色的有效性，如图 8-5 所示。

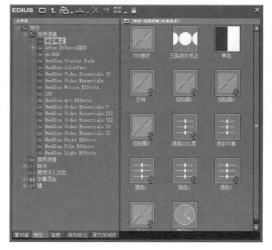

◀ 图 8-4 ▶

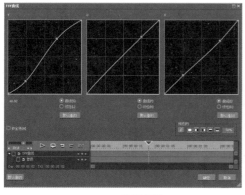

效果面板   源素材   处理后

◀ 图 8-5 ▶

（2）三路色彩校正：分别控制画面的高光、中间调和暗调区域色彩。可以提供一次二级校色（多次运用该滤镜以实现多次二级校色），是 EDIUS 中使用最频繁的校色滤镜之一。本书会在以后的章节中介绍它的多个实例运用，如图 8-6 所示。

效果面板　　　　　　　　　　源素材　　　　　　　　　处理后

◀ 图 8-6 ▶

（3）单色：将画面调成某种单色效果，如图 8-7 所示。

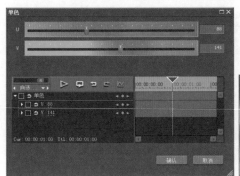

效果面板　　　　　　　　　　源素材　　　　　　　　　处理后

◀ 图 8-7 ▶

（4）色彩平衡：除了调整画面的色彩倾向以外，还可以调节色度、亮度和对比度，也是 EDIUS 中使用最频繁的校色滤镜之一，如图 8-8 所示。

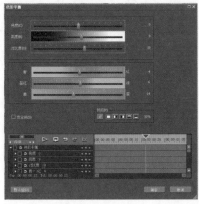

效果面板　　　　　　　　　　源素材　　　　　　　　　处理后

◀ 图 8-8 ▶

（5）颜色轮：提供色轮的功能，对于颜色的转换比较有用，如图 8-9 所示。

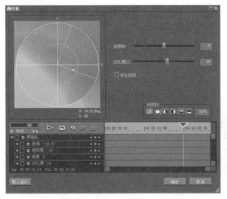

效果面板　　　　　　　　　源素材　　　　　　　　　处理后

◀ 图 8-9 ▶

8.2.2 特效预设

色彩校正特效预设面板，包括反转、招贴画、提高对比度、褐色以及负片系列，共有 9 个，便于在后期工作中直接调用，提高工作效率。

（1）反转。使用 YUV 曲线滤镜，将三条曲线全部反转获得的效果，如图 8-10 所示。

源素材　　　　　　　　　处理后

◀ 图 8-10 ▶

（2）招贴画 1。使用 YUV 曲线滤镜的特例之一，将三条曲线设置成阶梯折线形状，如图 8-11 所示。

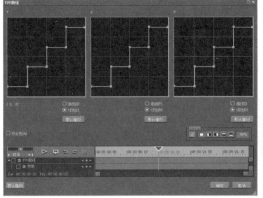

源素材　　　　　　　　　处理后

◀ 图 8-11 ▶

（3）招贴画 2。也是使用 YUV 曲线滤镜的特例之一，将三条曲线设置成阶梯折线形状，如图 8-12 所示。

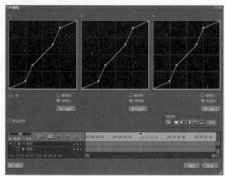

源素材　　　　　　　　　　　处理后

◀图 8-12▶

（4）招贴画 3。也是使用 YUV 曲线滤镜的特例之一，将三条曲线设置成阶梯折线形状，如图 8-13 所示。

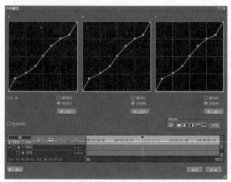

源素材　　　　　　　　　　　处理后

◀图 8-13▶

（5）提高对比度。使用色彩平衡滤镜来增强图像对比的预设效果，如图 8-14 所示。

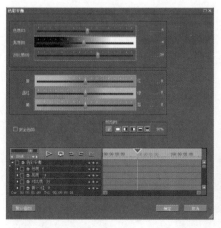

源素材　　　　　　　　　　　处理后

◀图 8-14▶

（6）褐色 1。使用色彩平衡滤镜的特例之一，如图 8-15 所示。

源素材　　　　　　　　　　处理后

◀ 图 8-15 ▶

（7）褐色 2。也是使用色彩平衡滤镜的特例之一，如图 8-16 所示。

源素材　　　　　　　　　　处理后

◀ 图 8-16 ▶

（8）褐色 3。也是使用色彩平衡滤镜的特例之一，如图 8-17 所示。

源素材　　　　　　　　　　处理后

◀ 图 8-17 ▶

（9）负片。使用 YUV 曲线滤镜的特例之一，如图 8-18 所示。

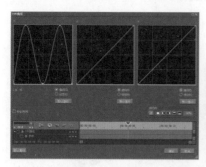  

源素材　　　　　　　　　　　　　处理后）

◀ 图 8-18 ▶

8.2.3 实例——MV 校色一

1 打开 EDIUS，在"初始化工程"对话框中，选择打开一个工程"故乡 MV 校色"，如图 8-19 所示。

这是在前面剪辑完成的一段 MV，展示了淳朴的山村风光，表达丝丝的怀旧之情。素材由五四青年剧组使用单反相机拍摄，当时的光线也比较好，为了配合背景音乐"故乡"，要表现那种思乡和离愁，需要降低画面的亮度，稍提高对比度，也需要将色调调整成暖调。

2 首先以第二段素材为例，拖曳当前指针到该片段的位置，单击 ● 按钮打开示波器，查看色度和亮度，如图 8-20 所示。

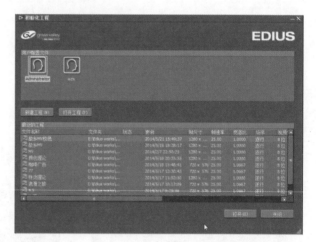

◀ 图 8-19 ▶

 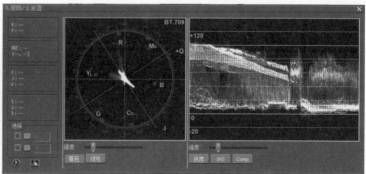

◀ 图 8-20 ▶

3 视频素材的饱和度和色相都没有过渡，但是作为一个 MV 来说，它的颜色和对比度都不够。打开特效窗口，找到视频滤镜中的色彩校正，为素材添加 YUV 曲线滤镜。然后在信息面板中打开该滤镜的控制面板，调整曲线的形状，如图 8-21 所示。

4 在 Y 曲线图中降低了亮度，在 U 曲线图中减少了蓝色，在 V 曲线图中增加了红色。单击 ● 按钮再次打开示波器，色度和亮度都发生了变化，如图 8-22 所示。

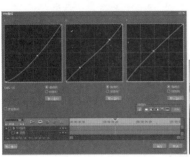

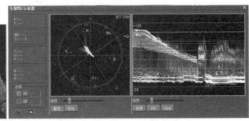

◀ 图 8-21 ▶　　　　　　　　　　　　　　　　◀ 图 8-22 ▶

5 下面以这一个片段作为调色的基准继续调整其他的片段。比如拖曳时间线指针到第 1 片段，这是一个摇镜头，对比度和色相都需要调整，如图 8-23 所示。

6 选择第 2 片段，从信息面板中拖曳 YUV 曲线到时间线上的第一片段上，这样该片段也就用了 YUV 曲线滤镜，如图 8-24 所示。

◀ 图 8-23 ▶　　　　　　　　　　　　　　　　◀ 图 8-24 ▶

7 因为这两个镜头拍摄的亮度有很大差别，虽然第一个片段应用了 YUV 曲线滤镜，但与第 2 个片段在亮度方面差距太大，组接在一起有些跳的感觉，需要做进一步调整。在信息面板中双击 YUV 曲线，打开该滤镜的控制面板，进一步降低亮度，如图 8-25 所示。

8 光线的色温每个时段都不一样，而影片中需要的是一种基本统一的色调，这时可以用白平衡来进行一个基础的调整。比如选择第 3 个片段，如图 8-26 所示。

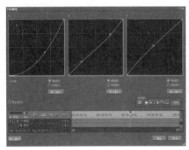

◀ 图 8-25 ▶　　　　　　　　　　　　　　　　◀ 图 8-26 ▶

9 先改变一下偏青色天空的颜色，添加"三路色彩校正"滤镜，然后打开该滤镜的控制面板，勾选"亮度"复选框，在预览视图中用鼠标单击天空的区域，在滤镜控制面板中调整白平衡和灰平衡的颜色轮，改变天空的颜色，如图 8-27 所示。

◀ 图 8-27 ▶

在影视后期处理中经常会涉及画面的局部调色，在下一节将详细讲解。

10 再添加一次"三路色彩校正"，整体调整色调，如图 8-28 所示。

◀ 图 8-28 ▶

11 接下来添加"色彩平衡"滤镜，整体调整亮度和对比度，如图 8-29 所示。

◀ 图 8-29 ▶

12 完成了这个片段的校色，可以通过双屏对比一下素材调色前后的效果。选择主菜单中的"视图"｜"双窗口模式"命令，然后在时间线上双击第 3 片段，这样就可在素材窗口中显示源素材，在右边窗口中显示节目预览效果，如图 8-30 所示。

◀ 图 8-30 ▶

13 选择主菜单中的"视图"｜"单窗口模式"命令，恢复单屏显示节目预览。选择第 3 片段时，从信息面板中拖曳三个色彩滤镜到时间线上第 4 个片段上，如图 8-31 所示。

◀ 图 8-31 ▶

14 在信息面板中关闭"色彩平衡"滤镜，添加 YUV 曲线滤镜。打开该滤镜的控制面板，在时间线面板中拖曳当前指针到第 3 片段，单击滤镜面板底部的按钮，当前画面留作与当前滤镜效果的参照画面，拖曳当前指针到第 4 片段，单击按钮，在预览视图中分两个半屏显示，这样就可以参照第 3 片段的天空调整第 4 片段的天空了，如图 8-32 所示。

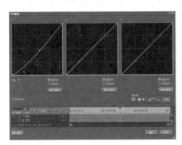

◀图 8-32 ▶

在实际工作中，难免会遇到由于拍摄的时间、场地等因素影响，导致相邻的两个镜头色彩差别较大，接在一起难免会有"跳"的感觉，这就需要进行色彩匹配的工作。

15 单击"确定"按钮，关闭滤镜控制面板，查看节目预览效果，如图 8-33 所示。
16 选择第 2 个片段，从信息面板中拖曳 YUV 曲线到第 7 片段和第 9 片段上，如图 8-34 所示。

第 7 片段效果   第 9 片段效果

◀图 8-33 ▶   ◀图 8-34 ▶

第 7 片段的画面中人脸部增加了红色，但背景的石头并没有添加夕阳光照的效果，在下一节中局部校色时再做进一步的调整。

17 在时间线上选择第 3 片段，从信息面板中拖曳三个色彩校正滤镜到第 8 片段和第 10 片段上，如图 8-35 所示。

◀图 8-35 ▶

18 第 11 片段到第 14 片段为回忆镜头，直接添加单色滤镜即可，如图 8-36 所示。

◀ 图 8-36 ▶

⑲ 同样，第 17 片段和第 18 片段也应用了单色滤镜，如图 8-37 所示。

⑳ 选择第 2 个片段，从信息面板中拖曳 YUV 曲线到倒数第 2 片段"出门"上，与第 10 片段"进门"相呼应，如图 8-38 所示。

◀ 图 8-37 ▶　　　　　　　　　　　　　　　　　　　◀ 图 8-38 ▶

㉑ 选择第 3 个片段，从信息面板中拖曳三个色彩校正滤镜到第 15 片段和第 16 片段上，如图 8-39 所示。

㉒ 选择第 4 个片段，从信息面板中拖曳三个色彩校正滤镜到最后一个片段上，如图 8-40 所示。

◀ 图 8-39 ▶　　　　　　　　　　　　　　　　　　　◀ 图 8-40 ▶

当然，不同的色调可以传达给观众不同的情绪，完全没有必要都校正得一模一样，用户应根据实际情况来选择运用的技术。

对于专业的制作人员来讲，校色和调色是日常工作中不可避免的一部分，EDIUS 也的确配备了强大的滤镜工具，但是除了必要的后期工作之外，前期拍摄时的精心准备和严谨的工作态度远远要比后期补救式的校色更具成效。

8.3　二级校色

一次校色和二级校色都是视频色彩处理的基本技术。一次校色是指对整个画面色彩的调整，二级校色是指对画面中某一色彩区域的调整。

在 EDIUS 中，共有两种方法进行二级校色（默认状态下所有的校色工具都是对画面的一次校色）。

8.3.1　三路色彩校正局部色调

首先详细介绍三路色彩校正滤镜的控制面板，如图 8-41 所示。

▶ 校色区：调整色彩的区域。白、灰、黑平衡可以分别视作画面的高光、中间调和暗调区域。

▶ 二级校色区：从二级校色的定义可以看出，我们必须先定义出哪一部分色彩需要校色，由于视频是运动的，我们可以分别从色度、饱和度和亮度三个特性入手，得出一个运动的遮罩。一旦勾选这里的任一选项之后，上方校色区的调整就只对这个遮罩内部的图像起作用，即进行二级校色。

▶ 取色器：选择相应选项以后，就可在画面中拾取要作为高光、中间灰和黑色的部分。

▶ 预览区：可以定义一个参考画面，与当前画面分屏比较。不定义参考画面的话，则是添加滤镜后与添加滤镜前的分屏比较。

▶ 动画控制区：可以对色彩的操作定义关键帧动画。

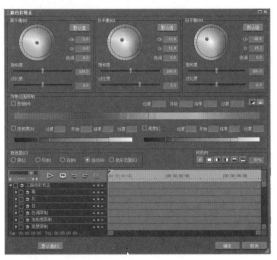

◀ 图 8-41 ▶

接下来以上面 MV 中第 7 个片段为例，讲解二级校色的应用，添加三路色彩校正滤镜，如图 8-42 所示。

首先需要把想改变的区域——也就是石头的青灰色部分定义出来。按下滤镜设置面板二级校色区右上角的两个小按键：显示键 ▣ 和显示直方图 ▨。

"显示键"按钮 ▣ 在窗口中显示键效果——也就是遮罩效果，观察下到底选择了哪里。其中，白色代表选中，黑色代表未选择。比如选择了头饰上的红色区域，如图 8-43 所示。

"显示直方图"按钮 ▨ 在滤镜二级校色区的色度、饱和度和亮度选择范围上，标出当前画面的色度、饱和度和亮度直方图，如图 8-44 所示。

◀ 图 8-42 ▶

◀ 图 8-43 ▶

◀ 图 8-44 ▶

勾选"色相"复选框，移动范围选择工具，使其包括所有黄色、红色和紫色。范围选择工具中有交叉斜线的区域是绝对选择区，单斜线区域是过渡区，选择强度由 100 衰减到 0，如图 8-45 所示。

◀ 图 8-45 ▶

查看窗口中的键显示，仅仅通过色相选择还不够，选区比较粗糙生硬，再勾选"饱和度"和"亮度"复选框，一边观察键效果，一边调整范围，如图 8-46 所示。

◀ 图 8-46 ▶

提示　色相、饱和度和亮度三个选项可以随机组合使用，目的只是要选择出满意的选区。

　　当对选择的区域比较满意，即可关闭"显示键"按钮，开始校色，调整黑、灰和白平衡的色轮，改变头饰上的红色区域，如图 8-47 所示。

◀ 图 8-47 ▶

　　下面再调整背景的石头色调。再次添加一个三路色彩校正滤镜，并打开滤镜控制面板，在"效果范围限制"栏中勾选"色相"、"饱和度"和"亮度"复选框，在"取色器"栏中选择"色彩范围"单选按钮，如图 8-48 所示。

◀ 图 8-48 ▶

　　在预览窗口中用鼠标单击石头上取色的位置，同时"色相"、"饱和度"和"亮度"对应的滑块相应改变，如图 8-49 所示。

　　在"效果范围限制"栏中单击显示键▣，在预览窗口中查看选色区域，如图 8-50 所示。

◀ 图 8-49 ▶　　　　　　　　　　　　　　　　　　◀ 图 8-50 ▶

　　在滤镜控制面板中调整选色范围滑块，同时查看预览窗口中的选色区域，如图 8-51 所示。

◀ 图 8-51 ▶

　　单击显示键▣，恢复正常视图预览，调整白平衡的色轮，查看改变颜色后石头上锈迹斑斑的效果，如图 8-52 所示。

　　单击"确定"按钮关闭滤镜控制面板，再添加一个 YUV 曲线滤镜，整体调整亮度和色调，如图 8-53 所示。

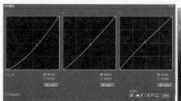

◀ 图 8-52 ▶　　　　　　　　　　　　　　　　　　◀ 图 8-53 ▶

8.3.2 应用色度局部校正

比起单纯使用白平衡，色度滤镜的功能则更为强大一点。

为同样的源素材添加色度滤镜，双击打开设置面板，如图 8-54 所示。

首先依然是定义哪部分色彩需要被操作。保持左上角吸管按钮的按下状态，在预览窗口中人物头饰上的红色区域双击鼠标，如图 8-55 所示。

◀图 8-54▶

勾选预览窗口下方的"键显示"复选框，在节目预览窗口中可以查看选色的区域，如图 8-56 所示。

◀图 8-55▶

◀图 8-56▶

调整"形状 Alpha"的数值，增强选取边缘的羽化，如图 8-57 所示。

单击"键出色"选项卡，可以查看选择颜色的数值，有必要的话也可以进行微调，来改变选色的区域，如图 8-58 所示。

◀图 8-57▶

◀图 8-58▶

单击"色彩 / 亮度"选项卡，调整色度的范围或者亮度的范围等参数，调整选色的区域，如图 8-59 所示。

取消勾选"键显示"复选框，在"效果"选项卡内可以针对选区添加相应的滤镜，比如本素材为选区内部添加 YUV 曲线滤镜，如图 8-60 所示。

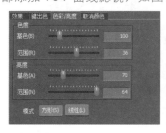

◀图 8-59▶

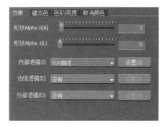

◀图 8-60▶

单击右侧的"设置"按钮，打开滤镜控制面板，调整曲线，同时在节目预览窗口中查看调整的效果，如图 8-61 所示。

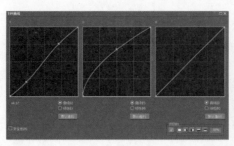

◀图 8-61▶

单击"确定"按钮关闭 YUV 曲线滤镜面板，再单击"确定"按钮关闭色度面板。

除了使用滴管在图像上选色，还可以通过设置颜色范围来确定选色区域。单击椭圆形选色器按钮，勾选"键显示"复选框，调整圆形选色器的位置和大小，确定选色的区域，如图 8-62 所示。

调整形状 Alpha 的数值，柔化选区，如图 8-63 所示。

◀图 8-62▶　　　　　　　　　　　　　　　　◀图 8-63▶

单击"色彩"选项卡，通过调整焦点和半径的数值也可以很方便地确定选色区域，比如在此选定了背景的石头区域，如图 8-64 所示。

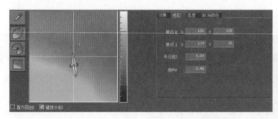

◀图 8-64▶

取消勾选"键显示"复选框，在"效果"选项卡内可以针对选区添加相应的滤镜，比如本素材为选区内部添加色彩平衡滤镜，如图 8-65 所示。

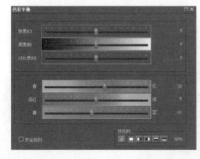

◀图 8-65▶

 提示　为了实现局部校色，除了使用色彩平衡和色度滤镜外，应用遮罩也是一种方法，围绕需要调整的区域绘制遮罩并添加校色滤镜，如图 8-66 所示。

源素材　　　　　　　　　　　　　　　遮罩控制面板

◀ 图 8-66 ▶

8.4　校色插件

为了满足影视后期处理中大量的校色工作，EDIUS 7 可以安装多个校色的插件，大大提高工作效率，尤其是在基本保证前期拍摄的质量时，这些校色插件就显得尤为快捷。下面以 Magic Bullet 组的 Looks 和 NewBlue 组的 ColorFast 为例，讲解常用的校色插件的使用技巧。

8.4.1　Magic Bullet Looks 校色

选择一段素材，在特效面板中选择添加 Looks（外观）滤镜，然后在信息面板中双击打开 Looks 的滤镜面板，如图 8-67 所示。

◀ 图 8-67 ▶

单击 Edit（编辑）按钮，进入 Magic Bullet Looks 控制面板，如图 8-68 所示。

拖曳鼠标向左侧靠近，弹出预设库，参照缩略图选择一个需要的预设，如图 8-69 所示。

◀ 图 8-68 ▶　　　　　　　　　　　◀ 图 8-69 ▶

单击 Finished 按钮，关闭 Magic Bullet Looks 控制面板，返回 Looks 控制面板，此时在 Edit 按钮右侧就出现了应用预设中的控制项，包括对比度、曲线等，如图 8-70 所示。

单击"确定"按钮，关闭滤镜控制面板，查看节目预览效果，如图 8-71 所示。

◀图 8-70▶

◀图 8-71▶

在信息面板中双击 Looks 滤镜，打开控制面板，单击 Mask 右侧的长条，可以选择矩形或椭圆形遮罩，设定应用滤镜的范围，如图 8-72 所示。

◀图 8-72▶

单击 View Mode 右侧的长条，可以选择显示的模式，如图 8-73 所示。

◀图 8-73▶

可以调整遮罩的大小和位置，如图 8-74 所示。

◀图 8-74▶

勾选 Invert Mask 复选框可以反转遮罩区域，调整遮罩的 Feather 等参数，如图 8-75 所示。

该滤镜中可设置关键帧的属性也很多，如图 8-76 所示。

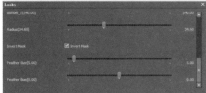

◀ 图 8-75 ▶

◀ 图 8-76 ▶

 提示

如果为 Look 添加关键帧，在不同的时间应用不同的预设，并不存在两种效果的中间过渡，而是在下一个关键帧直接切换成对应的效果。

单击 Edit 按钮，打开 Looks Builder 控制面板，拖曳鼠标向右靠边，弹出 5 组工具库，如图 8-77 所示。

单击 Camera 选项卡，双击添加一个镜头特效，比如 2-Strip Process，如图 8-78 所示。

◀ 图 8-77 ▶

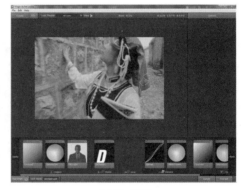

◀ 图 8-78 ▶

在底部单击刚添加的效果，在右侧的参数面板中可以进行调整，如图 8-79 所示。

接下来再添加一个 Lens 组中的 Edge Softness 效果，如图 8-80 所示。

◀ 图 8-79 ▶

◀ 图 8-80 ▶

直接在预览视图中调整镜头虚化的边框的大小和位置，如图 8-81 所示。

当添加多个效果后，为了方便选择，单击底部的分组选项卡，很容易找到该组的效果，如图 8-82 所示。

单击底部的 Camera 项，激活摄像机组，选择 Curves 效果，在右侧的参数面板中进行调整，如图 8-83 所示。

◀ 图 8-81 ▶

◀ 图 8-82 ▶

◀ 图 8-83 ▶

 提示

如果有个别效果不再需要，单击选择该项，按 Delete 键就可以删除了。

如果对目前的结果比较满意，单击 Finished 按钮，关闭 Magic Bullet Looks 面板，返回 Looks 滤镜控制面板，此时在 Edit 按钮右侧会显示使用效果的缩略图，如图 8-84 所示。

单击底部的"确定"按钮，关闭滤镜控制面板。选择主菜单中的"视图"|"双窗口模式"命令，在时间线上双击素材，从预览窗口可直接比较素材校色前后的效果，如图 8-85 所示。

◀ 图 8-84 ▶

源素材　　　　　　　　校色效果

◀ 图 8-85 ▶

8.4.2　NewBlue ColorFast 快速校色

NewBlue 插件组提供了一个很好的校色滤镜 ColorFast，不仅包含基本校色，也包含复杂的二级校色，还提供很多常用的预置。

选择一段素材，在特效面板中选择添加 NewBlue 组中的 ColorFast 滤镜，然后在信息面板中双击打开该滤镜面板，如图 8-86 所示。

下面先看看该滤镜的预设库。单击右上角的按钮 P，打开下拉预设库，如图 8-87所示。

◀ 图 8-86 ▶

◀ 图 8-87 ▶

选择一个预设，比如 Machanize 项，单击底部的 OK 按钮关闭滤镜面板，查看预览效果，如图 8-88 所示。

◀ 图 8-88 ▶

如果不使用预设，也可以自己调整色调。单击 **P** 按钮，从下拉菜单中选择 Reset to None 命令，恢复到默认设置。

在 Primary 栏中调整第一个色块的颜色，改变整体的白平衡，也就改变了整体的色调，如图 8-89 所示。

◀ 图 8-89 ▶

继续调整 Exposure 和 Film Gamma 的数值，如图 8-90 所示。

◀ 图 8-90 ▶

在 Secondary 栏中调整 Luminace Range 组中的 Highlight Threshold 的数值为 40，再分别调整对应 Midtones 和 Shadows 组中的 Level 参数，增加对比度，如图 8-91 所示。

◀ 图 8-91 ▶

在控制面板的右侧有关于皮肤选区和遮罩的操作。下面以一段有人脸部近景的素材为例讲解皮肤区域的校色。

在 Show Mask 选项中选择 Skin mask，调整 Sensitivity 和 Soften 的参数，勾选 Enable 复选框，在节目预览窗口中查看皮肤选区，如图 8-92 所示。

◀ 图 8-92 ▶

在 Show Mask 选项中选择 None 选项，在 Secondary 栏中调整 Luminace Range 组中的 Highlight Threshold 的数值，再分别调整对应 Midtones 和 Shadows 组中的 Level 参数，如图 8-93 所示。

◀ 图 8-93 ▶

这样就改变了背景和人物衣物的色调，而基本保持了人物脸部皮肤的色调。选择主菜单中的"视图"|"双窗口模式"命令，在时间线上双击素材，从预览窗口中可直接比较素材校色前后的效果，如图 8-94 所示。

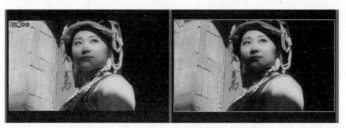

◀ 图 8-94 ▶

由此看来，NewBlue ColorFast 校色插件不仅能很快捷地完成校色任务，也可以做好局部校色的工作。

8.5 本章小结

在影视后期处理中，色彩的控制相当重要，本章专门讲解在 EDIUS 7 中常用的后期校色的方法。矢量图和示波器作为色彩的检测手段，根据不同的问题采用适合的对策，应用恰当的滤镜，这样才能获得理想的色彩效果。

第9章

EDIUS 中有一类滤镜专门用于多轨道中图像的合成，称作"键特效"。它们有的可以进行抠像，有的可以通过色彩算法将不同的视频轨叠加起来，它们统一占用轨道的灰色 MIX 区域。

在特效面板的"键"和"混合"组中，可以看到 3 个键滤镜和 16 个混合滤镜，如图 9-1 所示。

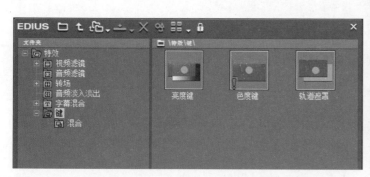
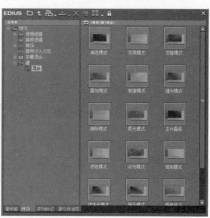

◀ 图 9-1 ▶

与其他滤镜的使用方法一致，只需将选中的键特效滤镜直接拖曳至素材的 MIX 区域，如图 9-2 所示。

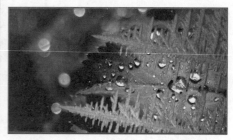

◀ 图 9-2 ▶

在信息面板中，双击该滤镜名称即可打开设置面板，有必要的话可进行更细节的设置，如图 9-3 所示。

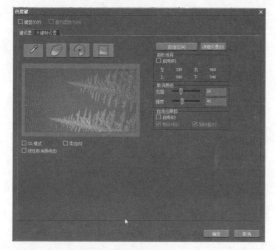

◀ 图 9-3 ▶

混合滤镜的用法与键滤镜一样，也是添加到素材的混合轨上，不过混合滤镜没有设置面板。

9.1 混合模式

在 EDIUS 中，可以使用一些特定的色彩混合算法将两个轨道的视频叠加在一起，这对于某些特效的合成来说非常有效。

在特效面板的"键"｜"混合"特效组中，包括 16 个混合方式，如图 9-4 所示。

◀图 9-4▶

下面以两个素材进行混合，查看各个混合模式的效果，同时也方便对比它们之间的区别，如图 9-5 所示。

◀图 9-5▶

（1）减色模式（Subtract）：应用到一般画面上的主要效果是降低亮度，与正片叠底作用类似，但效果更为强烈和夸张。比较特殊的是，白色与任何背景叠加得到原背景，黑色与任何背景叠加得到黑色，如图 9-6 所示。

（2）变亮模式（Lighter）：将上下两像素进行比较后，取高值成为混合后的颜色，因而总的颜色灰度级升高，造成变亮的效果。用黑色合成图像时无作用，用白色合成时则仍为白色，如图 9-7 所示。

◀图 9-6▶　　　　　　　　　　　　◀图 9-7▶

（3）变暗模式（Darker）：取上下两像素中较低的值成为混合后的颜色，总的颜色灰度级降低，造成变暗的效果。用白色去合成图像时毫无效果，如图 9-8 所示。

（4）叠加模式（Overlay）：以中性灰（R128，G128，B128）为中间点，大于中性灰（更亮）时，提高背景图亮度；反之则变暗，中性灰不变，如图 9-9 所示。

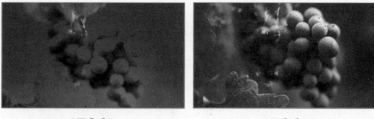

◀图 9-8▶　　　　　　　　　　◀图 9-9▶

（5）差值模式（Difference）：将上下两像素相减后取绝对值，常用来创建类似负片的效果，如图 9-10 所示。

（6）强光模式（Hard Light）：根据像素与中性灰的比较进行提亮或变暗，幅度较大，效果强烈，如图 9-11 所示。

◀图 9-10▶　　　　　　　　　　◀图 9-11▶

（7）排除模式（Exclusion）：与差值模式作用类似，但效果比较柔和，产生的对比度比较低，如图 9-12 所示。

（8）柔光模式（Soft Light）：同样以中性灰为中间点，大于中性灰，则提高背景图亮度；反之则变暗，中性灰不变。只不过无论提亮还是变暗的幅度都比较小，效果柔和，所以称为"柔光"，如图 9-13 所示。

◀图 9-12▶　　　　　　　　　　◀图 9-13▶

（9）正片叠底（Multiply）：应用到一般画面上的主要效果是降低亮度。比较特殊的是：白色与任何背景叠加得到原背景，黑色与任何背景叠加得到黑色。与滤色模式正好相反，如图 9-14 所示。

（10）滤色模式（Screen）：应用到一般画面上的主要效果是提高亮度。比较特殊的是：黑色与任何背景叠加得到原背景，白色与任何背景叠加得到白色，如图 9-15 所示。

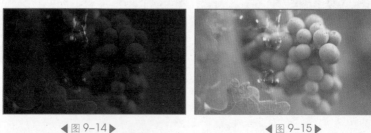

◀图 9-14▶　　　　　　　　　　◀图 9-15▶

（11）点光模式（Pin Light）：与柔光、强光等的原理相同，只是效果程度上的差别，如图 9-16 所示。

（12）相加模式（Addition）：将上下两像素相加成为混合后的颜色，因而画面变亮的效果非常强烈，如图 9-17 所示。

◀ 图 9-16 ▶   ◀ 图 9-17 ▶

（13）线性光模式（Linear Light）：与柔光、强光等的原理相同，只是效果程度上的差别，如图 9-18 所示。

（14）艳光模式（Vivid Light）：仍然是根据像素与中性灰的比较进行提亮或变暗，与强光模式相比，效果更为强烈和夸张，如图 9-19 所示。

◀ 图 9-18 ▶   ◀ 图 9-19 ▶

（15）颜色减淡（Color Dodge）：与颜色加深效果正相反，如图 9-20 所示。

（16）颜色加深（Color Burn）：应用到一般画面上的主要效果是加深画面，且根据叠加的像素颜色相应增加底层的对比度，如图 9-21 所示。

◀ 图 9-20 ▶   ◀ 图 9-21 ▶

混合叠加方式对于特效合成是非常有效的，比如某些光效、粒子等由于 Alpha 通道的缘故，直接放在背景素材上，其边缘会呈现黑色，影响美观，现在，只需要使用合理的叠加方式就可以修正这个错误。

9.2 抠像

通过指定一个特定的色彩进行抠像，对于一些虚拟演播室、虚拟背景的合成非常有用。

9.2.1 色度键

在特效面板中选择键特效组中的色度键，添加到一段蓝屏背景的素材上，然后在信息面板中双击色度键特效，打开效果控制面板，如图9-22所示。

▶ 键显示：色度键的最终目的就是抠像，所以勾选"键显示"复选框可以更清晰地观察选取和未选取部分。白色代表选取部分，黑色代表未选取部分，如图9-23所示。

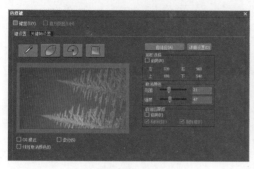
◀ 图9-22 ▶

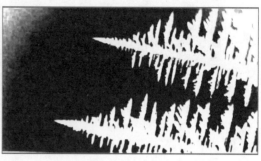
◀ 图9-23 ▶

▶ 直方图显示：当选择其他拾取色彩方式时，可以看到直方图显示，这实际上就是画面中的亮度分布，如图9-24所示。

▶ 键色拾取方式：EDIUS提供了四种色彩拾取方式　　　　　。第一种吸管工具　　是最直接和使用最方便的。

▶ 预览窗口：可预览当前画面，选用吸管工具拾取键色，直接在预览窗口中拾取，如图9-25所示。

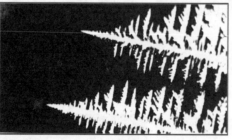
◀ 图9-24 ▶

◀ 图9-25 ▶

▶ CG模式：当为CG（字幕）应用色度键时才开启它。

▶ 柔边：在键色的边缘添加平滑过渡。

▶ 线性取消颜色：可以改善蓝色屏幕或绿色屏幕的色彩溢出或者反光造成的变色。

▶ 自适应：EDIUS对用户所选的键出颜色自动进行匹配和修饰。

▶ 矩形选择：将色度键应用到一个特定的矩形范围内，相当于裁切，如图9-26所示。

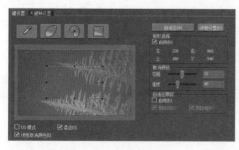
◀ 图9-26 ▶

注意   矩形范围以外的部分系统将认为是全透明的。

▶ 取消颜色：在图像的边缘添加键色或者其反色进行色彩补偿，如图 **9-27** 所示。

◀ 图 9-27 ▶

▶ 自适应跟踪：一定程度上自动修整抠像器键色的变化。

▶ 单击"详细设置"按钮，可以对键色在色度和亮度等方面进行细微调整，如图 **9-28** 所示。

◀ 图 9-28 ▶

如果选择了另外三种键出色工具，控制面板显示的内容会有所不同，如图 **9-29** 所示。

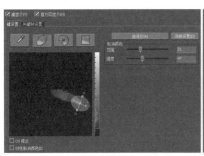

◀ 图 9-29 ▶

在某些特殊制作要求下，可以选择"关键帧设置"选项卡切换到关键帧设置页。色度键的关键帧设置有两种：一种是淡入淡出，可以设置入点和出点的帧数；另一种则较为灵活，可以手动调整整个曲线的形态，如图 **9-30** 所示。

EDIUS 中的色度键可以满足一般后期制作中的常规抠像要求，当然前期准备的蓝屏或绿屏的质量也是相当关键的。

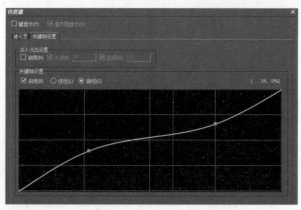

◀ 图 9-30 ▶

9.2.2 亮度键

除了针对色彩抠像的色度键以外，在某些场景中，使用画面的亮度信息能得到更为清晰准确的遮罩范围。

滤镜设置面板的左侧为预览窗口，提供对原素材的预览，如图 9-31 所示。

▶ 启用矩形选择：设置亮度键的范围。范围以外的部分完全透明，如图 9-32 所示。

◀ 图 9-31 ▶

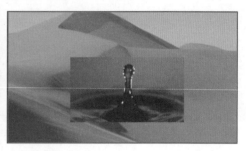

◀ 图 9-32 ▶

▶ 矩形外部有效：仅在范围之内应用亮度键。

▶ 反选：反转应用亮度键的范围。

▶ 全部计算：计算"矩形外部有效"指定范围以外的范围。

亮度键主要根据画面的亮度来定义遮罩，设置面板的右侧主要是针对画面亮度的选取。

▶ 单击"自适应"按钮，由系统自动调整亮度范围，如图 9-33 所示。

◀ 图 9-33 ▶

中央的直方图显示当前图像的亮度分布。上方的两个三角标记分别对应亮度下限和亮度上限。下方外侧的两个三角标记分别对应上下限的过渡。所有被斜线覆盖的区域是被键出的区域，即会变透明。其中交叉斜线是完全透明，单斜线则是全透明与不透明之间的过渡区域，如图 9-34 所示。

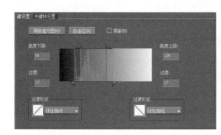

◀图 9-34 ▶

▶ 过渡形式：选择过渡区域衰减的曲线形式，如图 9-35 所示。

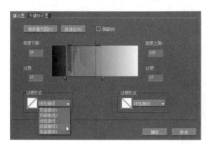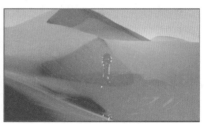

◀图 9-35 ▶

某些情况下，需要开启亮度键的关键帧控制，可单击"关键帧设置"选项卡切换到关键帧设置面板，如图 9-36 所示。

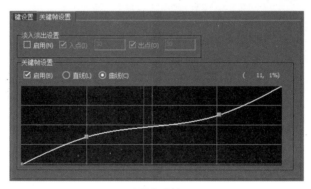

◀图 9-36 ▶

> 提示 亮度键的关键帧设置与色度键的相同。

9.2.3 轨道蒙版

轨道蒙版，根据蒙版素材的亮度或者 Alpha 通道来决定显示底层素材的内容，如图 9-37 所示。

素材 1

蒙版素材

背景

合成效果

◀图 9-37 ▶

添加轨道蒙版效果的具体步骤如下。

1 在特效面板中选择键效果，在右侧的面板中出现轨道蒙版特效，如图 9-38 所示。

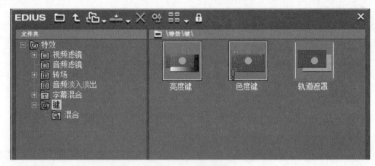

◀ 图 9-38 ▶

2 拖曳轨道遮罩效果到素材的 Mixer 区域，会在窗口显示出来，如图 9-39 所示。

◀ 图 9-39 ▶

 注意 如果添加特效后并没有正确显示蒙版效果，查看当前时间线指针是否位于素材与蒙版素材上下重叠的区域。

作为蒙版的素材，调整视觉布局参数也会在合成的结果中有所反馈，如图 9-40 所示。

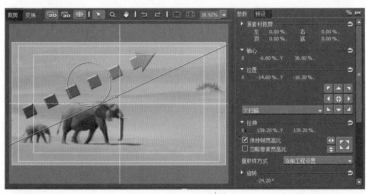

◀ 图 9-40 ▶

当一个画面应用了轨道蒙版特效，对应蒙版白色的区域将显示，对应蒙版黑色的区域变成透明，对应灰色的区域则呈半透明状。除了应用蒙版的亮度信息，还可以应用其 Alpha 信息来控制上一层素材的显露区域，如图 9-41 所示。

◀ 图 9-41 ▶

当然，在"轨道遮罩"控制面板中，如果勾选"反转"复选框，合成的结果则反转过来，如图 9-42 所示。

◀ 图 9-42 ▶

对于上一层的素材和蒙版来说，如果在时间线面板中调整其中的一个 MIX 数值，从而改变不透明度，都会影响在最后的合成中画面的显示效果，如图 9-43 所示。

◀ 图 9-43 ▶

9.3 抠像神器 ISP ROBUSKEY

ISP ROBUSKEY 1.2 是一款支持高级抠像的插件，支持 GPU 加速，用于 Adobe After Effects、Adobe Premiere Pro、Final Cut Pro 和 EDIUS 等，可以精确识别人物皮肤、头发，很好地处理非理想照明下的一些状况，该插件可以作为 Keylight 及 Primate Keyer 的一个有效补充，如图 9-44 所示。

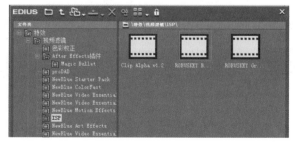

◀ 图 9-44 ▶

先看看蓝幕抠像滤镜 Robuskey Blue，为一段蓝幕素材添加该滤镜，然后在信息面板中双击，打开该滤镜的控制面板，如图 9-45 所示。

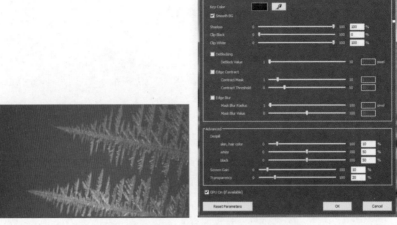

◀ 图 9-45 ▶

单击吸管按钮 ，吸取准备抠除的蓝色，如图 9-46 所示。

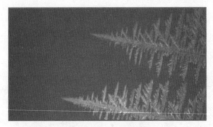

◀ 图 9-46 ▶

单击拾取背景的蓝色，滤镜控制面板中会显示键出的颜色，预览视图中抠除背景蓝色的区域显示为黑色，如图 9-47 所示。

如果要看到合成的效果，单击底部的 OK 按钮，关闭抠像滤镜面板，如图 9-48 所示。

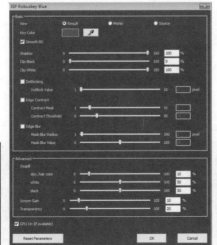

◀ 图 9-47 ▶　　　　　　　　　　　　　　　　　　　　◀ 图 9-48 ▶

接下来进行抠像的细致调整。在信息面板中双击抠像滤镜，打开该滤镜的控制面板，单击 View 栏的 Matte 选项，查看抠像蒙版，如图 9-49 所示。

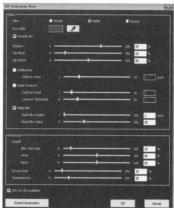

◀图 9-49▶

调整 Clip White 参数，如图 9-50 所示。

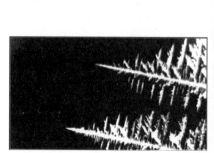
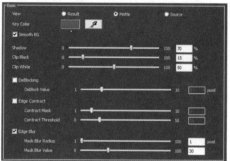

◀图 9-50▶

在 Advanced 参数面板中调整参数，如图 9-51 所示。

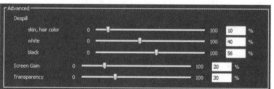

◀图 9-51▶

选择 View 栏中的 Result 单选按钮，查看抠像结果，单击 OK 按钮关闭滤镜面板，查看节目预览效果，如图 9-52 所示。

比较均匀的蓝背景对于抠像是最基本的要求，但也经常会因为拍摄条件的限制，蓝幕的打光均匀不是很理想。看看下面的素材，如图 9-53 所示。

◀图 9-52▶　　　　　　　◀图 9-53▶

背景的光照不是很理想，这种素材的抠像容易出问题，下面用 Robuskey Blue 试一下。

添加 Robuskey Blue 滤镜，单击吸管工具 ，在节目预览窗口中吸取蓝色，如图 9-54 所示。

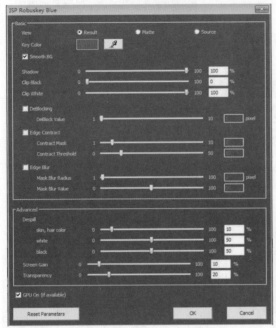

◀ 图 9-54 ▶

在 Basic 参数栏中调整参数，如图 9-55 所示。

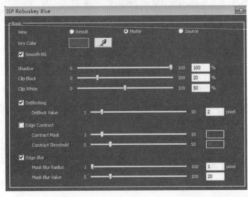

◀ 图 9-55 ▶

在 Advanced 参数栏中调整参数，如图 9-56 所示。

在 View 下选择 Result 单选按钮，查看抠像结果，如图 9-57 所示。

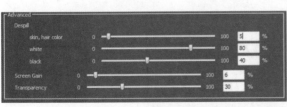

◀ 图 9-56 ▶   ◀ 图 9-57 ▶

添加遮罩滤镜，绘制遮罩将光照不理想的边缘排除掉，必要的话需要设置遮罩形状的关键帧，如图

9-58 所示。

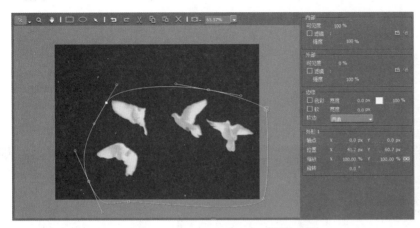

◀ 图 9-58 ▶

添加 YUV 曲线滤镜，简单调整一下颜色，如图 9-59 所示。

绿幕抠像滤镜 Robuskey Green 使用起来与 Robuskey Blue 是一样的，只是滤镜面板略有区别，如图 9-60 所示。

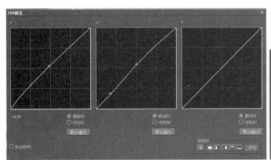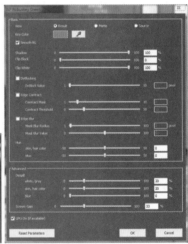

◀ 图 9-59 ▶　　　　　　　　　　　　　　◀ 图 9-60 ▶

导入一段素材，添加 Robuskey Green 滤镜，拾取背景的绿色，如图 9-61 所示。

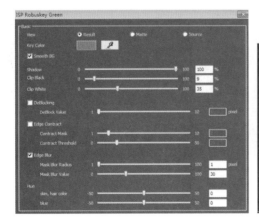

◀ 图 9-61 ▶

在 Basic 参数栏中调整其他选项，尽可能获得比较理想的抠像结果，也可以通过 Hue（色调）选项调整前景的色调，如图 9-62 所示。

单击 OK 按钮，关闭滤镜面板，查看抠像后的合成效果，如图 9-63 所示。

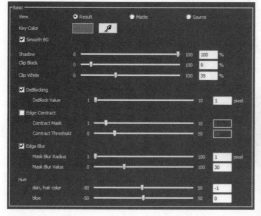

◀ 图 9-62 ▶　　　　　　　　　　　　　　　　◀ 图 9-63 ▶

9.4 遮罩

手绘遮罩经常用来以各种形状裁切图像或在图像的局部应用特效。

手绘遮罩是常用的视频特效之一，在遮罩面板中包含多种绘制工具，可以绘制矩形、圆形以及自由形状的遮罩，设置遮罩的柔和边缘，设置遮罩内或不同的可见度，也可以对遮罩内外应用不同的滤镜。另外，还可以创建遮罩的形状动画、位移动画，有时候会应用于动态跟踪的抠像。

9.4.1 创建遮罩

在创建遮罩之前，先认识一下绘制遮罩的工具，包括如下三种。

（1）矩形遮罩工具：用于绘制矩形或正方形遮罩，如图 9-64 所示。

◀ 图 9-64 ▶

 提示　选择该工具后，按住 Shift 键在绘图区中拖曳光标，可以绘制正方形。

（2）圆形遮罩工具：用于绘制圆形或椭圆形遮罩，如图 9-65 所示。

◀ 图 9-65 ▶

提示　选择该工具后，按住 Shift 键在绘图区中拖曳光标，可以绘制圆形。

（3）绘制路径工具：用于绘制自由多边形的遮罩，如图 9-66 所示。

当绘制了一个遮罩后，如果对形状不满意，可以进行编辑，调整遮罩上的点，或者移动、缩放和旋转遮罩。

单击箭头工具，从下拉菜单中选择需要的工具，比如选择对象、编辑形状或增加顶点等，如图 9-67 所示。

◀ 图 9-66 ▶　　　　　　　　　　　　　　　　　　◀ 图 9-67 ▶

当选择了选择对象工具，在绘图区双击遮罩就可以选择整个对象，然后可以进行移动、缩放和旋转操作，如图 9-68 所示。

移动　　　　　　　　　　　　缩放　　　　　　　　　　　　旋转

◀ 图 9-68 ▶

当选择了编辑形状工具，就可以编辑当前选择的遮罩上的顶点，改变遮罩的形状，如图 9-69 所示。

◀ 图 9-69 ▶

当选择了增加顶点  或删除顶点工具 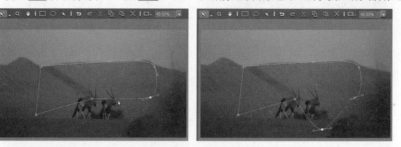，可以对当前选择的遮罩进行顶点的增减，如图 9-70 所示。

◀ 图 9-70 ▶

当选择了编辑控制点工具 ，可以调整顶点的控制句柄，改变遮罩的形状，如图 9-71 所示。

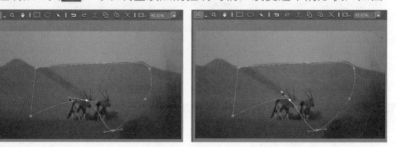

◀ 图 9-71 ▶

 提示　如果要编辑的顶点是角点，按住 Ctrl 键单击该点并拖曳，就出现控制句柄；如果要编辑的顶点是贝赛尔点，按住 Ctrl 键单击，该点变成角点，控制句柄消失。

　　为了更好地编辑遮罩，经常使用放大镜工具 🔍 和平移工具 ✋ 对绘图区进行局部放大，尤其是需要比较精细地调整遮罩形状时，如图 9-72 所示。

　　在顶部工具栏的最右端，可以从下拉菜单中选择预览显示的比例，如图 9-73 所示。

◀ 图 9-72 ▶

◀ 图 9-73 ▶

 提示　按住 Ctrl 键的同时滚动鼠标的滚轮，也可以缩放预览视图的大小。

　　在预览区中单击鼠标右键，从弹出的菜单中可以快捷地选择遮罩编辑工具和显示比例等，如图 9-74 所示。

　　与遮罩工具在一起的还有一个很重要的功能按钮 ⬛，其下拉菜单中包含 5 项遮罩显示功能，如图 9-75 所示。

 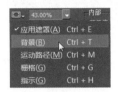

◀ 图 9-74 ▶   ◀ 图 9-75 ▶

▶ 应用遮罩：当选择时，指定内部、外部和边缘的遮罩可用，否则遮罩将不可用，如图 9-76 所示。

◀ 图 9-76 ▶

 提示

这里的应用遮罩开关只是影响在遮罩特效面板中的预览效果，并不影响合成的结果，除非在信息面板中关闭手绘遮罩特效的开关。

▶ 背景：当选择时，指定遮罩透明的区域会显示透明背景，如图 9-77 所示。

▶ 运动路径开关：当选择时，会显示被选择的遮罩的运动路径，便于查看遮罩的位移状况，如图 9-78 所示。

 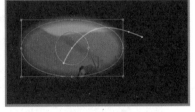

◀ 图 9-77 ▶   ◀ 图 9-78 ▶

▶ 栅格开关：当选择时，在预览窗口中显示栅格线，选择的遮罩在移动时会捕捉栅格线，如图 9-79 所示。

▶ 指示开关：当选择时，在预览窗口中显示安全区和十字线，如图 9-80 所示。

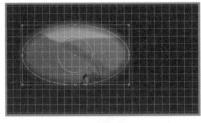 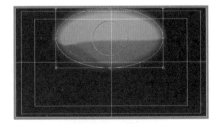

◀ 图 9-79 ▶   ◀ 图 9-80 ▶

　　为了方便编辑遮罩，除了调整预览视图的大小，还可以选择预览窗口的显示模式。共有两种预览显示模式，一种为标准模式，这是默认选项；另一种是预览模式，整个遮罩控制面板只显示预览区和顶端的工具栏，而不显示其余的控制面板。单击预览窗口底部的按钮 可以在两种模式间进行切换，如图 9-81 所示。

　　单击预览窗口底部的按钮 切换到标准模式，如图 9-82 所示。

◀图 9-81 ▶

◀图 9-82 ▶

9.4.2 遮罩控制

　　EDIUS 的遮罩具有十分强大的功能，不仅可以对画面的局部进行可见性的控制，还可以通过为遮罩内外应用不同的滤镜来实现对素材的局部更细致的处理。

　　在遮罩特效面板的右半部分主要是遮罩的功能控制，包括内部、外部、边缘和外形的参数控制，如图 9-83 所示。

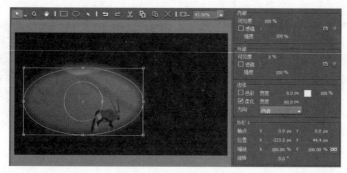
◀图 9-83 ▶

　　（1）内部、外部：针对遮罩内部或外部可见度的控制以及应用滤镜。

　　如果要改变画面局部的可见度，首先要选择遮罩，然后调整内部或外部可见度的数值，如图 9-84 所示。

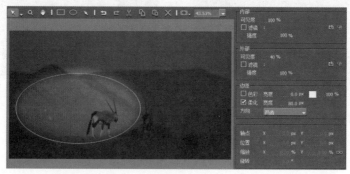
◀图 9-84 ▶

　　单击底部的"确定"按钮，查看合成预览效果，如图 9-85 所示。

如果要为遮罩内部或外部应用滤镜，勾选滤镜项，然后单击 按钮，选择需要的滤镜，如图9-86所示。

◀ 图 9-85 ▶　　　　　　　　　　◀ 图 9-86 ▶

如果要调整滤镜的参数，单击 按钮，在弹出的滤镜设置对话框中进行参数的调整，如图9-87所示。

◀ 图 9-87 ▶

 如果暂时不需要滤镜效果，取消勾选滤镜项即可，不会丢失刚刚设置好的滤镜。

（2）边缘：指定是否沿遮罩描边并设置描边的宽度和颜色，遮罩边缘柔和度的设置以及柔和边缘的模式。

如果要为遮罩边缘指定宽度和颜色，首先要勾选"色彩"复选框，然后设置宽度和颜色，如图9-88所示。

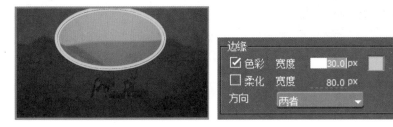

◀ 图 9-88 ▶

如果要获得柔软边缘的遮罩，勾选"柔化"复选框，然后设置宽度，并选择柔化的方向，如图9-89所示。

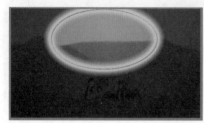

◀ 图 9-89 ▶

如果边缘和柔化二者都选择的话，获得的是柔化的边缘颜色，而不是源图像的内容，如图 9-90 所示。

◀ 图 9-90 ▶

（3）外形：主要是指遮罩的轴点、位置、缩放和旋转等属性参数的设置，如图 9-91 所示。

◀ 图 9-91 ▶

9.4.3 遮罩动画

遮罩滤镜面板下方的时间线窗口，是专门用来控制遮罩的外部、内部、边缘以及外形等属性和关键帧的工作区，如图 9-92 所示。

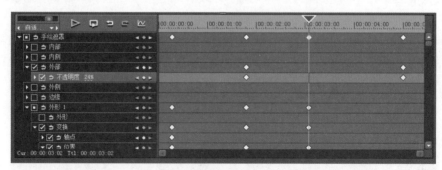

◀ 图 9-92 ▶

能够设置关键帧的遮罩属性包括以下几个。

▶ 内部不透明度。　　　　　　　　　　　▶ 内侧滤镜强度。

▶ 外部不透明度。　　　　　　　　　　　▶ 外侧滤镜强度。

▶ 边缘颜色和宽度。　　　　　　　　　　▶ 边缘柔化宽度。

▶ 遮罩外形。　　　　　　　　　　　　　▶ 变换属性（包括轴点、位置、缩放和旋转）。

提示　为遮罩外形添加关键帧，并非通过缩放或旋转等变换属性改变外形，而是对顶点的调整，这才是对遮罩形状的改变。

当需要为遮罩属性添加第一个关键帧时，首先勾选对应属性名称前面的小方框☑，然后拖曳时间线指针到需要的位置，单击添加关键帧按钮◆，再拖曳时间线指针到其他位置，单击添加关键帧按钮◆或者调整该属性的参数值，就会创建另一个关键帧。

 提示　如果在当前时间线位置已经有关键帧，单击◆按钮会删除这个关键帧。

当创建了关键帧，暂时不需要查看某属性的动画效果，可以单击相应属性前的☑按钮，取消激活该属性关键帧，该图标变成■，相应的关键帧显示为灰色，这样并不会删除已经设置的关键帧。而是暂时设置外部属性的关键帧失效，如图 9-93 所示。

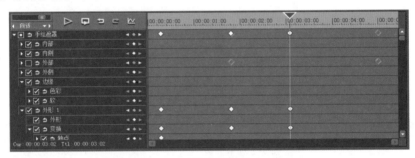

◀图 9-93 ▶

遮罩的不透明度和边缘属性的关键帧设置比较简单，主要是参数数值的控制，而设置遮罩外形和变换属性的关键帧相对来说要复杂一些。

如果要设置遮罩外形的关键帧，首先激活外形属性的动画，勾选外形前面的小方框，拖曳时间线指针到合适的位置，单击◆按钮添加第一个关键帧，如果对形状不满意，选择编辑形状工具，或者添加或删减顶点工具对遮罩形状进行编辑，继续拖曳时间线指针到其他的位置，选择编辑形状工具对遮罩形状进行编辑，这样会自动添加关键帧，从而创建形状动画，如图 9-94 所示。

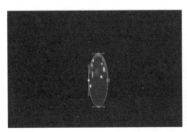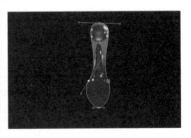

◀图 9-94 ▶

 提示　如果当前时间线的位置有关键帧，对形状的调整就是对关键帧的修改，如果当前时间线的位置没有关键帧，对形状的修改将创建关键帧。

如果要创建遮罩变换属性的动画，可以勾选变换前面的小方框，也可以单击小三角展开变换属性，只勾选需要创建动画的属性。

如果要创建第一个变换属性的关键帧，可以单击变换属性的添加关键帧按钮，这样会为轴点、位置、缩放和旋转同时添加关键帧，也可以单击需要动画的属性的添加关键帧按钮，只为该属性添加关键帧，如图 9-95 所示。

为了更好地调整变换运动的速度，可以打开运动曲线视图，调整曲线的插值和形状，如图 9-96 所示。

◀ 图 9-95 ▶

◀ 图 9-96 ▶

9.5 实例

在影视后期处理中抠像、蒙版和遮罩等是应用非常普遍的图像合成手段，现在我们利用视频合成技巧制作节目中的一小段视频，主要使用图片素材，依靠动态的轨道遮罩创建墨滴效果的转场效果，如图 9-97 所示。

◀ 图 9-97 ▶

9.5.1 应用动态轨道遮罩

1️⃣ 导入背景素材，添加到轨道 1VA 上，长度为 21 秒，如图 9-98 所示。

2️⃣ 添加 YUV 曲线滤镜，调整背景画面的亮度，如图 9-99 所示。

◀ 图 9-98 ▶

◀ 图 9-99 ▶

3 创建一个字幕素材，绘制一个圆，设置填充颜色，如图 9-100 所示。

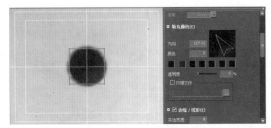

◀ 图 9-100 ▶

4 设置边缘参数，如图 9-101 所示。

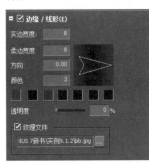 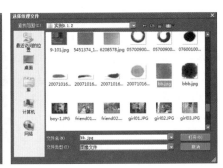

◀ 图 9-101 ▶

5 设置阴影的参数，如图 9-102 所示。

6 设置模糊的参数，如图 9-103 所示。

7 添加该字幕到轨道 2V 上，长度为 2 秒。

8 在信息面板中双击并打开视频布局面板，激活 3D 属性，设置第一个位置关键帧，如图 9-104 所示。

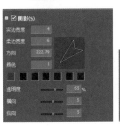 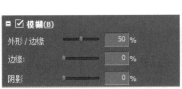 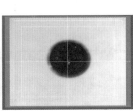 

◀ 图 9-102 ▶　　　　◀ 图 9-103 ▶　　　　◀ 图 9-104 ▶

9 拖曳时间线指针到 1 秒，调整位置参数，创建第二个关键帧，如图 9-105 所示。

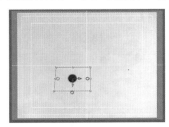 

◀ 图 9-105 ▶

10 导入需要的照片素材和墨滴素材。

11 新建一个序列，打开该序列的时间线，创建一个白色的色块，放置于轨道 1VA 上，设置长度为 15 秒。

12 添加"墨滴 01"到轨道 2V 上，设置长度为 15 秒。

13 打开视频布局面板，在时间线的起点设置位置和比例的关键帧，如图 9-106 所示。

14 拖曳当前指针到 15 帧，调整比例参数，设置第二个关键帧，创建缩放动画，如图 9-107 所示。

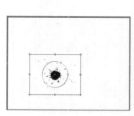  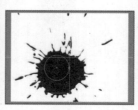 

◀ 图 9-106 ▶ 　　　　　　　　　　　　　　　　◀ 图 9-107 ▶

15 在时间线面板顶端激活序列 1，从素材库中拖曳图片素材 mama06 到轨道 4V 上，起点在 1 秒，末端在 7 秒。

16 从素材库中拖曳"序列 2"到轨道 3V 上，与图片素材 mama06 对齐，然后为图片素材 mama06 的混合轨添加"轨道遮罩"滤镜，并设置参数，如图 9-108 所示。

17 选择图片素材 mama06，打开视频布局面板，调整素材的位置和比例，获得比较理想的构图，如图 9-109 所示。

◀ 图 9-108 ▶ 　　　　　　　　　　　　　　　　◀ 图 9-109 ▶

18 拖曳当前指针到起点，激活"比例"属性的关键帧，拖曳当前指针到时间线的终点，调整比例参数，如图 9-110 所示。

◀ 图 9-110 ▶

19 单击"确定"按钮关闭视频布局面板，拖曳时间线指针查看节目预览效果，如图 9-111 所示。

◀ 图 9-111 ▶

20 拖曳时间线指针到 6 秒，展开轨道轨道 4V 的混合轨，激活 MIX，添加一个关键帧，并向下拖曳最后的关键帧到 0，创建淡出效果，如图 9-112 所示。

[21] 复制轨道 2V 上的字幕，粘贴到轨道 5V 上，起点为 2 秒 12 帧，终点为 5 秒 08 帧。

[22] 打开视频布局面板，调整第一个关键帧的参数，如图 9-113 所示。

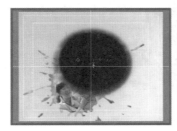

◀ 图 9-112 ▶ ◀ 图 9-113 ▶

[23] 拖曳第二个关键帧到 1 秒 05 帧，并调整位置参数，如图 9-114 所示。

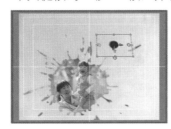

◀ 图 9-114 ▶

[24] 在素材库中复制"序列 2"，重命名为"序列 3"，双击并打开该序列的时间线。

[25] 在素材库中复制"墨滴 02"，在"序列 3"的时间线上选择轨道 2V 中的"墨滴 01"，按快捷键 Shift+R 替换素材。

[26] 打开视频布局面板，调整第一个关键帧的数值，如图 9-115 所示。

[27] 调整第二个关键帧的数值，如图 9-116 所示。

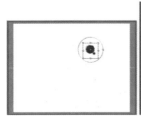

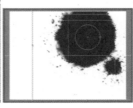

◀ 图 9-115 ▶ ◀ 图 9-116 ▶

[28] 在时间线顶端激活"序列 1"，从素材库中拖曳"序列 3"到轨道 6V 中，起点为 3 秒 20 帧，再添加图片素材"friend02"到轨道 7V 中，起点与"序列 3"对齐。

[29] 为素材"friend02"的混合轨添加"轨道遮罩"，并设置滤镜参数，如图 9-117 所示。

[30] 打开视频布局面板，调整位置和比例参数，在起点时创建关键帧，如图 9-118 所示。

◀ 图 9-117 ▶ ◀ 图 9-118 ▶

[31] 拖曳时间线指针到终点，调整位置参数，创建第二个关键帧，如图 9-119 所示。

◀ 图 9-119 ▶

[32] 单击"确定"按钮，关闭视频布局面板，拖曳时间线指针查看节目预览效果，如图 9-120 所示。

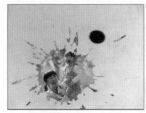

◀ 图 9-120 ▶

[33] 在素材库中复制"序列 3"，自动命名为"序列 3-（1）"，双击并打开该序列的时间线。

[34] 在素材库中复制"墨滴 03"，在"序列 3-（1）"的时间线上选择轨道 2V 中的"墨滴 02"，按快捷键 Shift+R 替换素材。

[35] 打开视频布局面板，调整第一个关键帧的数值，如图 9-121 所示。

[36] 调整第二个关键帧的数值，如图 9-122 所示。

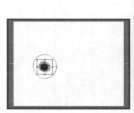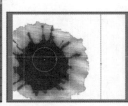

◀ 图 9-121 ▶   ◀ 图 9-122 ▶

[37] 单击"确定"按钮关闭视频布局面板，添加"色彩平衡"滤镜，调整亮度和对比度，如图 9-123 所示。

◀ 图 9-123 ▶

[38] 在时间线顶端激活"序列 1"，从素材库中拖曳"序列 3-（1）"到轨道 8 V 中，起点为 7 秒，长度为 10 秒。

39 复制轨道 2V 上的字幕，粘贴到轨道 10V 上，起点为 6 秒，终点为 8 秒 15 帧。

40 打开视频布局面板，调整第一个关键帧的参数，如图 9-124 所示。

41 调整第二个关键帧的参数，如图 9-125 所示。

◀ 图 9-124 ▶　　　　　　　　　　　　　　　◀ 图 9-125 ▶

42 添加爆炸转场到字幕的末端，如图 9-126 所示。

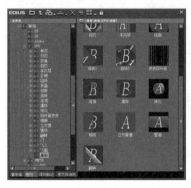

◀ 图 9-126 ▶

43 从素材库中拖曳图片素材 mama03 到轨道 9V 中，起点与 "序列 3-（1）" 对齐。

44 添加轨道遮罩到混合轨，并设置滤镜参数，如图 9-127 所示。

◀ 图 9-127 ▶

45 打开视频布局面板，调整素材的位置和比例，获得比较理想的构图，如图 9-128 所示。

◀ 图 9-128 ▶

46 单击 "确定" 按钮，关闭视频布局面板，拖曳时间线指针查看节目预览效果，如图 9–129 所示。

◀图 9–129▶

47 添加图片素材 mama05 到轨道 9V 中，在 12 秒 20 帧位置与素材 mama03 交接，添加 GPU 转场组 "高级" 组中的 "位移" 特效，如图 9–130 所示。

48 选择素材 mama05，添加 "手绘遮罩" 滤镜，在信息面板中拖曳该滤镜到顶级，如图 9–131 所示。

◀图 9–130▶　　　　　　　　　　　　　◀图 9–131▶

49 双击并打开滤镜控制面板，绘制一个椭圆遮罩，设置柔化参数，9–132 所示。

50 双击打开视频布局面板，调整素材的位置和比例，如图 9–133 所示。

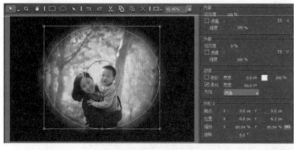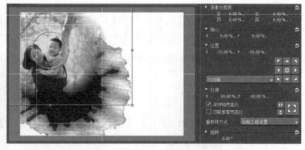

◀图 9–132▶　　　　　　　　　　　　　◀图 9–133▶

51 在素材库中复制 "序列 3–（1）"，自动命名为 "序列 3–（1）–（1）"，双击该序列打开时间线。

52 在素材库中复制 "墨滴 04"，在 "序列 3–（1）–（1）" 的时间线上选择轨道 2V 中的 "墨滴 03"，按快捷键 Shift+R 替换素材。

53 打开视频布局面板，调整第一个关键帧的数值，如图 9–134 所示。

54 调整第二个关键帧的数值，如图 9–135 所示。

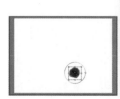

◀图 9–134▶　　　　　　　　　　　　　◀图 9–135▶

55 从素材库中拖曳"序列3-（1）-（1）"到轨道 10V 中，起点为 11 秒，终点为 17 秒。

56 拖曳图片素材 mama02 到轨道 11V 中，起止点与"序列 3-（1）-（1）"对齐，添加"轨道遮罩"到混合轨上，设置该滤镜参数，如图 9-136 所示。

◀ 图 9-136 ▶

57 添加"镜像"滤镜，设置滤镜参数，如图 9-137 所示。

58 打开视频布局面板，调整图像的位置和比例参数，如图 9-138 所示。

◀ 图 9-137 ▶　　　　◀ 图 9-138 ▶

59 复制轨道 10V 上的字幕，粘贴到轨道 12V 上，起点为 10 秒。

60 打开视频布局面板，调整第一个关键帧的参数，如图 9-139 所示。

◀ 图 9-139 ▶

61 调整第二个关键帧的参数，如图 9-140 所示。

◀ 图 9-140 ▶

62 单击"确定"按钮，关闭视频布局面板，拖曳时间线指针查看节目预览效果，如图 9-141 所示。

◀ 图 9-141 ▶

9.5.2　最终合成

1️⃣ 新建一个序列，命名为"序列 4"，导入背景音乐。

2️⃣ 导入背景图片 6208578 到轨道 1VA 中，设置长度为 25 秒。

3️⃣ 新建一个色块，如图 9-142 所示。

4️⃣ 添加色块素材到轨道 5V 中，长度为 25 秒，添加柔光模式到混合轨，如图 9-143 所示。

◀ 图 9-142 ▶　　　　　　　　◀ 图 9-143 ▶

5️⃣ 从素材库中拖曳"序列 1"到轨道 2V 中，起点在时间线的起点，终点为 16 秒。

6️⃣ 添加"Alpha 自定义图像"转场特效到"序列 1"的末端，设置转场的起点为 13 秒 20 帧。

7️⃣ 在信息面板中双击该转场特效，打开滤镜面板，指定 Alpha 位图等参数，如图 9-144 所示。

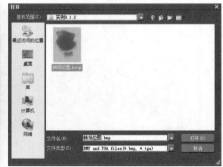

◀ 图 9-144 ▶

8️⃣ 拖曳时间线指针，查看节目预览效果，如图 9-145 所示。

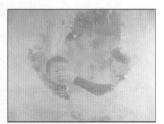

◀ 图 9-145 ▶

⑨ 添加图片素材 mama01 到轨道 2V 中，起点为 17 秒，终点为 25 秒。

⑩ 添加"手绘遮罩"滤镜，在信息面板中拖曳该滤镜到顶级。

⑪ 打开该滤镜控制面板，绘制一个椭圆形遮罩，并设置遮罩参数，如图 9-146 所示。

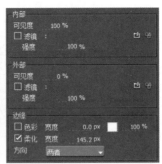

◀ 图 9-146 ▶

⑫ 打开视频布局面板，在起点设置图像的位置和比例参数，并创建第一个关键帧，如图 9-147 所示。

⑬ 拖曳时间线指针到终点，调整位置参数，创建第二个关键帧，如图 9-148 所示。

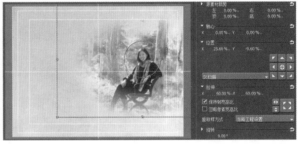

◀ 图 9-147 ▶　　　　　　　　　　◀ 图 9-148 ▶

⑭ 拖曳时间线指针，查看节目预览效果，如图 9-149 所示。

◀ 图 9-149 ▶

⑮ 添加图片素材 mama04 到轨道 3V 中，起点为 15 秒，终点为 21 秒。

⑯ 展开该轨道的混合轨，激活 MIX 项，设置该片段的淡入和淡出关键帧，如图 9-150 所示。

◀ 图 9-150 ▶

17 添加手绘遮罩滤镜，在信息面板中拖曳该滤镜到顶层。

18 打开滤镜控制面板，绘制一个自由遮罩，设置遮罩参数，拖曳时间线指针到 2 秒，设置内部不透明度的关键帧，如图 9-151 所示。

19 拖曳时间线指针到 4 秒，调整内部不透明度的数值为 0，如图 9-152 所示。

◀ 图 9-151 ▶

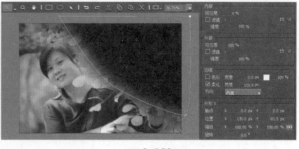
◀ 图 9-152 ▶

20 打开视频布局面板，在起点设置图像的位置和比例参数，并创建第一个关键帧，如图 9-153 所示。

21 拖曳时间线指针到终点，调整拉伸参数，创建第二个关键帧，如图 9-154 所示。

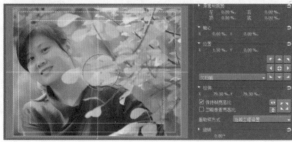
◀ 图 9-153 ▶

◀ 图 9-154 ▶

22 拖曳时间线指针，查看节目预览效果，如图 9-155 所示。

◀ 图 9-155 ▶

23 创建一个字幕，输入文字"我爱妈妈"，选择合适的字体和大小，如图 9-156 所示。

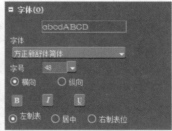
◀ 图 9-156 ▶

24 设置填充颜色、边缘和阴影等参数，如图 9-157 所示。

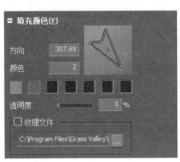

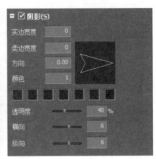

◀ 图 9-157 ▶

[25] 添加字幕到轨道 4V 中，起点为 14 秒，终点为 18 秒。

[26] 展开轨道 4V 的混合轨，激活 MIX 项，设置字幕的淡入和淡出关键帧，如图 9-158 所示。

[27] 添加图片素材 friend01 到轨道 4V 中，起点为 19 秒 05 帧，终点为 25 秒。

[28] 设置该片段的淡入关键帧，如图 9-159 所示。

◀ 图 9-158 ▶   ◀ 图 9-159 ▶

[29] 添加手绘遮罩滤镜，在信息面板中拖曳该滤镜到顶层。

[30] 打开滤镜控制面板，绘制一个自由遮罩，设置遮罩参数，如图 9-160 所示。

[31] 打开视频布局面板，在起点设置图像的位置和比例参数，并创建第一个关键帧，如图 9-161 所示。

◀ 图 9-160 ▶   ◀ 图 9-161 ▶

[32] 拖曳时间线指针到终点，调整拉伸参数，创建第二个关键帧，如图 9-162 所示。

◀ 图 9-162 ▶

[33] 单击"确定"按钮关闭视频布局面板。至此整个影片制作完成，保存工程，单击播放按钮 ▶，查看节目预览效果，如图 9-163 所示。

◀ 图 9-163 ▶

9.6　本章小结

　　本章主要讲解 EDIUS 7 不同轨道中素材的合成功能，轨道中的素材不仅可以通过透明度或叠加特效实现与其他轨道的混合，在影视后期处理中还经常通过抠像以及遮罩来控制图像之间的混合效果，以此来丰富多层素材组合的视觉效果。

第 10 章

成品处理

在前面的章节中详细讨论了素材的采集、输入、剪辑和特效制作等方面的内容，已经接触到了 EDIUS 的大部分特性。对于一个完整的视频创作流程来说，最后所要做的就是将完成的工程文件输出到磁带、视频文件或者刻录成 DVD。

10.1 影片输出

在输出之前，建议养成一个好习惯，那就是在时间线上使用快捷键 I 和 O 设置入点和出点，预先定义输出范围。

10.1.1 输出菜单

单击录制窗口右下角的输出按钮，从下拉菜单中选择需要的选项，如图 10-1 所示。

▶默认输出器（输出到文件）：可设置一个输出格式的快捷方式。

▶输出到磁带：连接有录像机的话，可以将时间线内容实时录制到磁带上。

▶输出到磁带（显示时间码）：与上两项作用相同，只是在输出的视频上覆盖有时间码。

◀图 10-1 ▶

▶输出到文件：选择各式各样的编码方式，输出视频文件。

▶批量输出：管理文件批量输出列表。

▶刻录光盘：创建有菜单操作的 DVD 盘片（也可选择不刻录）。

在默认状态下，输出菜单的"默认输出器"处于灰色不可用状态。"默认输出器"其实就是用户指定一个特定输出格式的快捷方式。

如果选择了输出菜单的"输出到文件"命令，需要在"输出到文件"对话框中选择合适的输出文件格式，如 AV CHD、AVI、HDV、无压缩 AVI、MPEG 等，如图 10-2 所示。

单击对话框左下角的"保存为默认"按钮，弹出成功保存对话框，如图 10-3 所示。

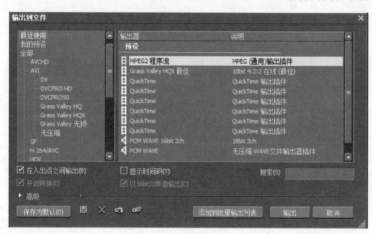

◀图 10-2 ▶

◀图 10-3 ▶

单击"确定"按钮关闭对话框，在"输出到文件"对话框中单击右下角的"取消"按钮退出该对话框，当再次打开输出菜单时，第一项"默认输出器"已经可以使用了，单击即可直接进入选定格式的编码设置和输出文件路径设置，如图 10-4 所示。

除了设置一个默认输出器以外，用户还可以添加多个自定义的输出器预设。

单击输出按钮，选择"输出到文件"命令，在弹出的"输出到文件"对话框中，单击左下角的保存预设按钮，弹出"预设对话框"，在其中设置预设名称以及编解码参数，如图 10-5 所示。

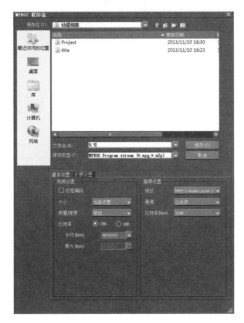

◀图 10-4▶　　　　　　　　　　　　◀图 10-5▶

单击"确定"按钮关闭预设对话框，在"输出到文件"对话框的预设列表中就会出现刚刚保存的输出预设，如图 10-6 所示。

如果单击左侧的"我的预设"项，会列出全部自己保存的预设名称，非常方便和实用，如图 10-7 所示。

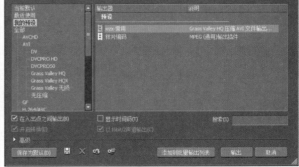

◀图 10-6▶　　　　　　　　　　　　◀图 10-7▶

也可以导入预设，单击底部的按钮 ，选择需要的预设，单击"打开"按钮，就可以导入该预设了，如图 10-8 所示。

◀图 10-8▶

10.1.2 输出到磁带

检查当前工程设置为软件或者硬件的 PAL DV 工程，使用 1394 线连接 PC 或视频卡的 IEEE 1394 口和 DV 设备。

单击录制窗口右下角的输出按钮，打开输出菜单，选择"输出到磁带"命令，或使用快捷键 F12。

连接正确的话，EDIUS 会弹出磁带输出向导。如果希望精确确定输出位置，可以在 DV 带上设置输出的入点，然后单击"下一步"按钮，如图 10-9 所示。

确认信息，单击"输出"按钮，开始写入磁带，如图 10-10 所示。

◀ 图 10-9 ▶

◀ 图 10-10 ▶

10.1.3 输出到文件

除了直接将工程内容写入磁带以外，更多时候会将编辑好的工程输出成一个视频文件。

单击录制窗口右下角的输出按钮，打开输出菜单，选择"输出到文件"命令，或按快捷键 F11。在弹出的"输出到文件"对话框中会列表输出器的编码方式，如图 10-11 所示。

EDIUS 7 的输出器支持输出的文件格式很多，不同的格式还包含不同的编解码。

单击 AVCHD 项，在输出器列表中会显示编解码，如图 10-12 所示。

◀ 图 10-11 ▶

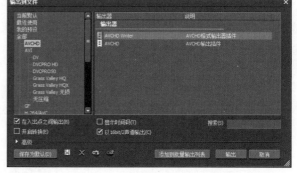

◀ 图 10-12 ▶

AVI 是经常使用的输出格式，EDIUS 7 包含多种 AVI 的压缩编码。比如选择 AVI 栏中对应的 Grass Valley HQX 项，会列表多种预设，如图 10-13 所示。

还包括 MPEG、QuickTime、Windows Media 以及音频等输出器，如果安装了插件，会有更多其他的输出器，比如输出 MPEG-TS 到 HDV 设备，也可以输出网络视频 flv 文件。

提示　因为视频文件输出器是与工程设置相对应的，有时个别的输出器会不可用。

例如，当前工程设置为 SD 720×576 50i，AVI 的 DV 输出器就不可用，如图 10-14 所示。

◀ 图 10-13 ▶

◀ 图 10-14 ▶

选择主菜单中的"设置"｜"工程设置"命令，在弹出的"工程设置"对话框中选择 DV 预设，如图 10-15 所示。

当修改了工程设置后，再一次选择输出到文件命令，这时 DV 输出器是可用的，如图 10-16 所示。

◀ 图 10-15 ▶

◀ 图 10-16 ▶

10.1.4　批量输出

如果在同一个工程文件中，需要输出多个不同格式、不同时间长度的视频文件，最好的方法就是使用 EDIUS 的批量输出工具。

在 EDIUS 中使用批量输出工具的方法有两种：直接在时间线上指定文件到批量输出列表、在输出列表中添加任务到批量输出。

使用快捷键 I 和 O，在时间线上设置入点和出点，明确输出的时间长度。右键单击指定的时间线区域，从弹出的菜单中选择"添加到批量输出列表"命令，在弹出的"输出到文件"对话框中选择输出器，按照常规的输出到文件的方法，任意选择一个需要的编码器，如图 10-17 所示。

单击底部的"添加到批量输出列表"按钮，设置输出文件的存储位置、名称以及编解码参数，如图 10-18 所示。

单击"保存"按钮退出对话框，EDIUS 并不像往常那样立即开始渲染输出。单击输出按钮，从弹出的菜单中选择"批量输出"命令，在弹出的批量输出列表中就可以看到刚刚添加的输出任务，如图10-19所示。

◀图 10-17▶

◀图 10-18▶

◀图 10-19▶

 提示 除了可以添加不同的时间段、时间长度、编码器，EDIUS 的批量输出还支持添加不同序列上的任务。

单击"输出"按钮，EDIUS 即依次自动执行输出任务，如图 10-20 所示。

◀图 10-20▶

10.1.5 制作 DVD

单击"输出"按钮，选择下拉菜单中的"刻录光盘"命令，打开"刻录光盘"对话框，如图 10-21 所示。

注意 只有标准的 PAL 50i 和 NTSC 59.94i 工程可以使用"输出到光盘"命令，其他工程中该工具处于灰色不可用状态。

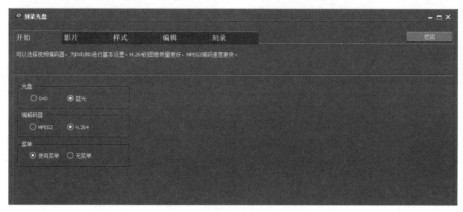

◀ 图 10-21 ▶

首先选择光盘的类型是 DVD 还是蓝光，编解码类型以及是否使用菜单。比如选择 DVD 选项，如图 10-22 所示。

单击"影片"选项卡，可以添加想要包含在 DVD 中的视频，既可以是 EDIUS 工程中的序列，也可以是一个标准的 MPEG 文件，如图 10-23 所示。

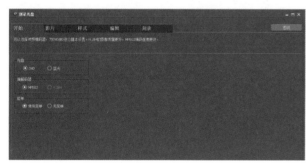 

◀ 图 10-22 ▶　　　　　　　◀ 图 10-23 ▶

注意 若使用 EDIUS 序列，将以时间线上设置的入点／出点为基准，并将标记点作为章节点，因此要确定已经正确地设置了它们。

上方的光盘容量色条对于确定所选择的视频占用多大空间是十分有用的，可以通过它来调整需要的内容，保证不要超出单张光盘的最大容量。如果刻录的是双面光盘，在"媒介"下拉列表中选择 DVD-R DL（8.5G）即可。

默认情况下，Disc Burner 将自动设置视音频的编码格式和比特率，使选择的内容与光盘格式相匹配。如果需要更改这些设置，单击需要调整的文件缩略图右侧的"设置"按钮，弹出"标题设置"对话框，如图 10-24 所示。

取消勾选"全自动"复选框，然后取消勾选"自动视频设置"或"自动音频设置"复选框，就可以自己来调整设置了，如图 10-25 所示。

基本的光盘内容选择完毕后，单击顶端的"样式"选项卡，在"样式"面板中可以从内置的 DVD

菜单库中挑选一个模板，并应用到 DVD 上，如图 10-26 所示。

◀ 图 10-24 ▶　　　　　　　◀ 图 10-25 ▶　　　　　　　◀ 图 10-26 ▶

　　如果"自动布局"选项组的"自动"复选框一直被勾选，布局将会受选择样式的影响。当然，之后还可以调整各按钮的位置。在"宽高比"选项中为 DVD 菜单选择一个合适的"屏幕尺寸"，即 4：3 或者 16：9。

 注意 这个选项并不影响实际的 DVD 视频内容。

　　某些样式模板包含为每个章节而设置的图形按钮，如果不想使用这些，勾选"无章节按钮"复选框；如果段落没有章节点，可以选择"无章节菜单（仅一章）"复选框；如果 DVD 仅有一个影片（这里的"影片"就是先前添加的 EDIUS 工程中的序列或 MPEG 文件），勾选"无段落菜单（仅一个段落）"复选框。

　　在样式面板的底部是样式库。样式库分为几类，可以通过单击选项卡来选择。要应用不同的样式，仅需从库中选择一个缩略图并双击，样式就会应用到 DVD 上了，如图 10-27 所示。

 注意 如果不想使用任何菜单，可以取消"使用 DVD 菜单"复选框的勾选。

　　为了进一步调整 DVD 菜单页面，单击顶部的"编辑"选项卡，可以在"编辑"面板中定义文字的尺寸、位置、字体、缩略图等界面上的各个参数，如图 10-28 所示。

◀ 图 10-27 ▶　　　　　　　　　　　　　　　　◀ 图 10-28 ▶

如需要更改页面上的任何项目，只需双击此项目，就会弹出相应的设置窗口，比如需要修改菜单项，如图 10-29 所示。另外，也可以使用右侧的项目列表，它包含当前菜单界面内所有的元素。能在这里更改文字，选择文字，单击右下角的"设置"按钮，在"菜单项设置"对话框中进一步调整其外观，如图 10-30 所示。

◀ 图 10-29 ▶ ◀ 图 10-30 ▶

单击选定任意项目，还可以将其拖曳到任何新的位置，或拖曳操作手柄（白色方框）来重新调整其大小。

每个章节都会有一个缩略图片，它可以是时间线上某一帧的视频截图。如果想调整缩略图，仅需选择它，并编辑其"项目设置"，然后选择"更改"。提示在 EDIUS 中挑选帧。此时仅需切换回 EDIUS（按快捷键 Alt+Tab），将时间线指针定位在要使用的画面上，然后切换到刻录光盘的"菜单项设置"对话框上，单击"设置"按钮，这样就更换了新的缩略图，如图 10-31 所示。

◀ 图 10-31 ▶

若拥有多 DVD 菜单结构，要想将当前菜单屏幕切换至另一菜单屏幕，可以从右侧项目列表的下拉菜单中选择另一个界面，如图 10-32 所示。

◀ 图 10-32 ▶

如果对 DVD 菜单的调整满意，单击界面顶部的"刻录"选项卡，在刻录设置面板中可以设置卷标号，也可以通过"选项"来设置 DVD 播放时的动作，如图 10-33 所示。

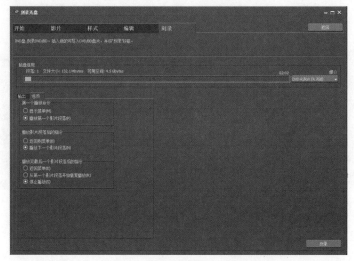

◀图 10-33▶

　　"刻录"是创建 DVD 的最后一步。在此页面中可以单击"刻录"按钮并开始刻录光盘。当然，若想先在硬盘上保存一个作品的 DVD 工程文件，以备日后刻录多份光盘。可以选择不刻录，仅将工程复制到硬盘上，勾选"启用细节设置"复选框可显示并调整这些选项，如图 10-34 所示。

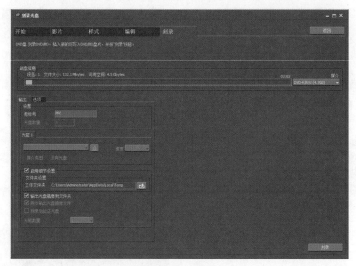

◀图 10-34▶

　　设置完所有的项目后，单击右下角的"刻录"按钮开始刻录。

提示　　完成刻录的时间取决于整个工程的长度、系统的速度（用于必要的 MPEG-2 视频流编码）和 DVD 刻录光驱的刻录速度。

10.2　声道映射

　　如果需要进行声道相关操作，或者制作 5.1 声道，EDIUS 提供了强力的声道映射工具。

10.2.1　单声道和立体声

目前，大多数视频节目都是单声道和立体声的，设置两个声道就足够了。在 EDIUS 中进行左右声道的操作有以下方法。

（1）使用音频轨道的 Pan 声相调节线。单击音频轨道左端的小三角按钮展开音频波形，切换到 Pan 声相控制。蓝线在中央为声道平衡，移到顶端即只使用左声道，移到底端即只使用右声道，如图 10-35 所示。

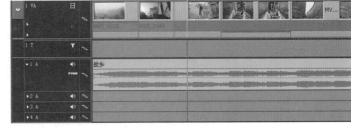

◀图 10-35▶

（2）使用滤镜。添加特效"音频滤镜""音量电位与均衡"，并进行参数设置如图 10-36 所示。

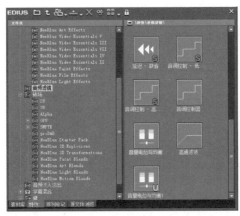

◀图 10-36▶

▶ 音频左右通道：调整音频文件本身的左右声道，可以交换左右的操作。

▶ 左右通道的增益：调节左右声道的输出音量。

▶ 左右通道的平衡：调节左右声道输出时的声相平衡。

▶ 轨道声道映射：单击轨道右侧的 A 字样区域，选择单声道 1 或单声道 2，如图 10-37 所示。

设置完毕后，将音频文件拖曳到轨道上，软件就自动分离出该文件的左右声道，如图 10-38 所示。

◀图 10-37▶　　　　　　　　　　　　　　　　◀图 10-38▶

 注意　轨道声道映射只对轨道设置以后再放入其中的音频文件有效。

（3）声道映射工具。与前面的方法比起来，声道映射工具更直观。右键单击序列选项卡，选择"序列设置"命令，在弹出的"序列设置"对话框中单击"通道映射"按钮，在弹出的"音频通道映射"对话框中设置音频轨道是静音、单声道还是立体声，如图 10-39 所示。

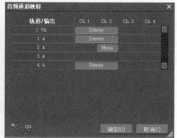

◀ 图 10-39 ▶

10.2.2　5.1 环绕声道输出

首先，需要一个多声道的工程，5.1 声道实际上需要 6 条声道。在工程设置中挑选了一个 8 声道的工程预设，如图 10-40 所示。

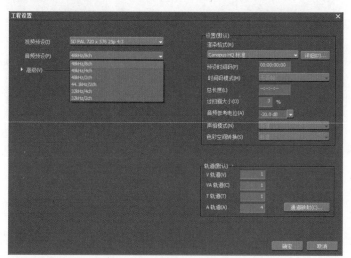

◀ 图 10-40 ▶

打开声道映射工具，依次将各个轨道的音频映射到各个声道上，如图 10-41 所示。

音频文件输出时可以选择杜比 5.1 多声道（Dolby Digital），如图 10-42 所示。

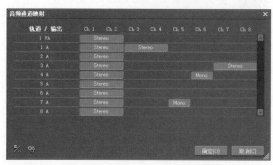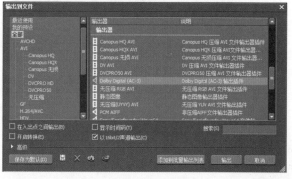

◀ 图 10-41 ▶　　　　　　　　　◀ 图 10-42 ▶

10.3　跨平台共享

在专业制作领域，由于使用的源素材量十分巨大，又存在制作周期的严格要求，制作人员经常使用离线编辑，或者工作室内多个人员用不同软件（如 After Effects 特效、Pro Tools 配乐等）同时进行制作，但是各款软件间的工程文件互不相通，这是一个永远都避免不了的问题。EDIUS 可以很好地支持这些实际情况中离线编辑、跨软件平台和文件数据传输的应用。

10.3.1　应用 EDL

EDL 是 Edit Decision List 的缩写。EDL 文件中包含有很多编辑信息，包括使用素材所在的磁带、素材文件的长度、时间线入出点等。在编辑大数据量的视频节目时，制作人员往往使用离线编辑来进行节目的先期制作，即先以一个压缩比率较大的文件（画面质量差、数据量小）进行编辑，以降低编辑时对计算机运算和存储资源的占用，编辑完成后输出 EDL 文件，再通过导入 EDL 文件后批量采集压缩比率小甚至是无压缩的文件进行最终成片的输出。

1　导出 EDL

首先需要确定时间线的输出范围，设置入点和出点。单击时间线工具栏上的"保存工程"下拉列表，选择"导出工程"|"EDL"命令，如图 10-43 所示。

◀ 图 10-43 ▶

在弹出的"工程导出器"对话框中，单击左下角的"详细设置"按钮，弹出"EDL 表导出详细设置"对话框，如图 10-44 所示。

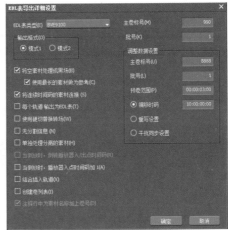

◀ 图 10-44 ▶

EDIUS 中的 EDL 只能导出以下轨道上的素材：

- 1VA、2VA（1V、2V）轨道；
- 1A 至 4A 轨道；
- T 轨道（全部轨道）。

▶ EDL 表类型：1VA 至 2VA 轨道中的音频素材不会被导出。视 EDL 类型的不同，1A 至 4A 轨道的导出通道范围也不一样，如图 10-45 所示。

EDL 类型	轨道
BVE5000	1A 至 2A
BVE9100	1A 至 4A
CMX340	1A 至 2A
CMX3600	1A 至 4A

◀ 图 10-45 ▶

▶ 输出格式：在其中包括如下两个单选按钮。

- 模式 1：不添加注释线。
- 模式 2：添加注释线。如果其他公司的程序无法导入模式 1 的 EDL 文件，可选择该选项。

▶ 将空素材处理成黑场：将时间线上的空白输出成黑色素材。勾选"使用最长的素材作为参考"复选框，比较时间线终点处的素材出点，并将其与其他素材间的轨道空间输出成黑色素材。

▶ 将连续时间码的素材连接：若多个素材的时间码是连续的，就将它们处理为一个素材。但如果它们之间应用了转场的话，它们就不能连接。

▶ 每个轨道输出为 EDL 表：每个轨道输出一个 EDL 文件。以下字符将加在每个文件名的结尾，1VA（1V）轨道为 _V、A 轨道为 _A、2VA（2V）轨道为 _INSERT 和 T 轨道为 _T。

提示 当 2VA（2V）轨道包含转场时，用硬切替换转场。

▶ 使用硬切替换转场：使用硬切替换所有添加的转场或音频淡入淡出。

▶ 无分割信息：取消视频和音频的连接，将视频和音频素材单独处理。不能正确导入 EDL 文件时，选择该项。当选择了"单独处理分离的素材"时，该选项不能选择。

▶ 单独处理分离的素材：拆散含分割素材的分割部分，以消除分割。注意，如果素材的速度改变了，则素材不会被单独处理。当勾选了"无分割信息"时此设置不可用。

▶ 当倒放时，倒转播放器入 / 出点时间码：倒放速度通常在播放窗口中显示为由入点至出点计算。在 EDL 类型中选择 CMX 选项时，该设置可用。

▶ 当倒放时，播放器入点时间码加 1（A）：当设置了倒放时，播放窗口时码添加 1 帧。在不能正确导入 EDL 文件时，选择此项可以防止源时间码前进 1 帧。

提示 通常在倒放时播放窗口出点增加 1 帧。

▶ 结合插入轨道：勾选此选项，用 2 VA（或 2V）轨道的一个图像来覆盖 1VA（或 1V）轨道，并将两个轨道一起以一个 1 VA（或 1 V）轨道导出。

▶ 创建卷列表：创建卷编号列表。

▶ 主卷标号：可以在使用 BVE9100 时设定主卷标号。设置范围为 0 ～ 9999。

▶ 批号：可以设置在 BVE5000 或 BVE9100 中使用的批号。设置范围为 0 ～ 999。

▶ 调整数据设置：该选项组中包括如下参数。

● 主卷标号：当存在 A/A 循环（素材中的转场具有相同的卷号），这个卷号在相同的位置使用替换文件。当源素材具有相同的卷号，逐步递减卷号以防止卷号重复。

● 批号：设置在 BVE5000 或 BVE9100 中使用的批号。设置范围为 0 ～ 999。

● 预卷范围：设置添加到源素材入点和出点的留边。

● 偏移时码：选择此选项以输入开始时间码。

● 重写设置：设置开始时间码为第一个源素材的入点。

● 干扰同步设置：设置源素材的入点和出点为时间码的入点和出点。

② 导入 EDL

单击时间线工具栏上的"打开工程"下拉列表，选择"导入工程"|"EDL"命令，如图 10-46 所示。

在弹出的"工程导入器"对话框中，勾选"新序列"复选框，EDIUS 会创建一个新序列以导入文件；如果未勾选，则会创建新的轨道来导入 EDL 文件。

单击左下角的"详细设置"按钮进入细节设置，如图 10-47 所示。

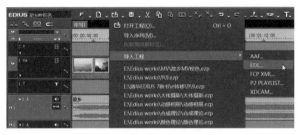

◀ 图 10-46 ▶

◀ 图 10-47 ▶

▶ EDL 表类型：选择要导入的 EDL 表类型。

▶ 输入格式："EDL 表类型"为 CMX 选项时，该设置有效。

● 模式 1：播放窗口的入点加上（减去）源素材的持续时间乘以 DMC 的值，计算出点时间码。用播放窗口入点时间码为参照，如果速度是正数则增加，反之则减少。

● 模式2：使用播放窗口出点的时间码，当播放窗口入点和出点变为源素材入点和出点的时间码时，用播放窗口的出点时间码，而不计算出点时间码。

▶ 空素材处理为黑场素材：当素材的卷名（每个磁带都有）是 BL/BLK/BLACK 时，将素材处理为黑场，然后将黑场处理为空素材。

▶ 覆盖视频轨道开始部分素材 / 覆盖音频轨道开始部分素材：输入时，素材放置到时间线的 1VA（1V、1A）轨道上，覆盖当前素材。未选取时，将素材放置到 2VA 或 3VA（2V、3V、2A、3A）轨道。如果没有 2VA、3VA（2A、3A）轨道，就新建一个轨道。

▶ 当转场两端的通道不相同时匹配通道：复制视频或音频通道的"到边"至"从边"的数量信息，当"从边"和"到边"的通道数量不同时，用于对齐。"EDL表类型"中为CMX选项时，可以进行该设置。

▶ 输出错误日志：导入出错时，导出日志文件。

可以设置"导出文件格式"和"输出类型"。当在"输出类型"中选择全部时，将记录导入内容和错误位置。

10.3.2 应用 AAF

当前，基于计算机平台的视音频处理设备越来越多，而绝大部分设备都采用文件传输进行数据的交换和处理。基于文件的传输方式可以方便地使用大量的IT通用设备，使成本及运行费用大大降低。所以以文件传输视音频及元数据可能是设备之间最理想的数据传送方式了。

为推广文件传输方式，必然有统一的文件格式。目前流行的文件传输格式为MXF、AAF和GXF。

AAF是Advanced Authoring Format的缩写，意为"高级制作格式"，是一种用于多媒体创作及后期制作、面向企业界的开放式标准。AAF是一个包括目前世界上主要的电子设备供应商、计算机软硬件厂家和一些广播机构的协会，该协会主要负责制定用于增强编辑和制作的通用AV文件格式标准。AAF是自非线性编辑系统之后电视制作领域最重要的新进展之一，它解决了多用户、跨平台以及多台电脑协同进行数字创作的问题，给后期制作带来极大的方便。

目前，Avid、Apple、Adobe、Digidesign等厂商的相关视音频软件都支持AAF文件。

1 导出 AAF

单击时间线工具栏上的"保存工程"下拉列表，选择"导出工程"|"AAF"命令，在弹出的对话框中单击右下角的"详细信息"按钮，如图10-48所示。

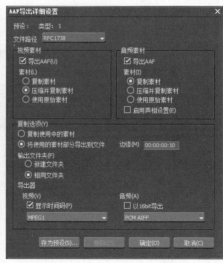

◀ 图 10-48 ▶

1）视频素材

▶ 导出AAF：勾选此复选框，在导出的AAF文件中将包含视频信息。

▶ 素材：在下面包括三个单选按钮。

● 复制素材：复制源文件。

● 压缩并复制素材：将时间线上的源素材再输出成其他编码的文件。将第一个且所在轨道序号最小文件的文件名，作为导出文件的素材/文件名。

● 使用原始素材：直接指向源素材而不复制。

2）音频素材

▶ 导出 AAF：勾选此复选框，在导出的 AAF 文件中包含音频信息。

▶ 素材：在下面包括三个单选按钮。

● 复制素材：复制源文件。

● 压缩并复制素材：将时间线上的音频素材当作一个素材进行处理。将第一个且所在轨道序号最小文件的文件名，作为导出文件的素材 / 文件名。

● 使用原始素材：直接指向源素材而不复制。

▶ 启动声相设置：勾选此复选框，以单独通道的非立体声轨道导出立体声轨道。1ch（L 侧）轨道上的素材命名为"素材名称 +L"，2ch（R 侧）轨道上的素材命名为"素材名称 + R"；如果未勾选此复选框，立体声轨道将被混合并导出为非立体声素材。如果轨道数为奇数，则轨道的 1ch（L 侧）用作通道映射；如果为偶数，则使用轨道的 2ch（R 侧）作为通道映射。奇数轨道的素材命名为"素材名称 +L"，偶数轨道的素材命名为"素材名称 + R"。

3）复制选项

▶ 复制使用中的素材：时间线素材所用的源文件被复制。

▶ 将使用的素材部分导出到文件：仅导出时间线素材所使用的范围。此时会启用"边宽"设置，以导出在入点 / 出点添加了指定时间余量的文件。

▶ 导出器：使用各种编码器以导出视频 / 音频文件。

用户若对系统预设的参数进行修改，将自动保存为一个输出方案预设。

 注意 目前在 EDIUS 中有以下限制：仅导出激活的序列；不能导出不含素材的轨道、不含通道映射设置的音频轨道、字幕轨道、静音轨道以及所有特效（至于声相和音量设置，反映其设置的源文件将被导出）；转场 / 淡入淡出部分将被导出为素材。无法将入点侧余量添加到位于时间线开始端的素材。

② 导入 AAF

单击时间线工具栏上的"打开工程"下拉列表，选择"导入工程" | "AAF"命令，在弹出的"工程导入器"对话框中勾选左下角的"新建序列"复选框，EDIUS 会创建一个新序列并导入 AAF 文件；如果未勾选该复选框，则会创建新的轨道来导入 AAF 文件，如图 10-49 所示。

◀ 图 10-49 ▶

10.3.3　工程外编辑

有时候需要在一台计算机的 EDIUS 中开始编辑工作，在其他计算机上进行精加工或做最后的修改，尤其是在广播电视节目的制作中，这种情况更多。

EDIUS 支持在多个电脑上编辑同一个项目的素材，比如在台式机上创建一个项目，转移到笔记本电脑上进行工程外编辑，然后返回台式机上进行最后的编辑和输出。这就是下面要讲述的同一项目的登出和登入。

1　登出项目

登出项目操作很简单，只需选择主菜单中的"文件"｜"工程外编辑"｜"登出"命令，在弹出的"登出"对话框中设置必要的选项，如图 10-50 所示。

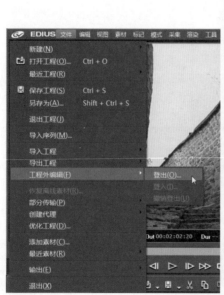
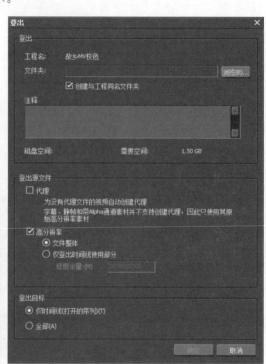

◀ 图 10-50 ▶

单击"浏览"按钮，浏览并选择希望登出项目文件的可移动硬盘。默认状态下，创建与工程同名文件夹的选项是勾选的，不选择此项，也可以在指定的硬盘中创建新的文件。

不可以选择与源项目相同的文件夹。

在注释区可以填写一些对该项目的说明文字。

在"登出源文件"选项中，如果勾选"代理"复选框，则视频文件的代理也会登出，如果没有代理将创建代理。

因为字幕、静态图片、包含 Alpha 通道的文件和音频文件不支持代理，以高分辨率文件复制到登出目录。

如果勾选"高分辨率"复选框，可以选择登出文件整体或者登出时间线使用部分。确定登出目标是时间线还是全部。

登出项目是要花点时间的，当然要看是否需要创建代理，或者登出文件的大小，如图 10-51 所示。

当登出完成，EDIUS 会关闭当前项目，出现启动项目的对话框，在状态栏中会显示登出，如图 10-52 所示。

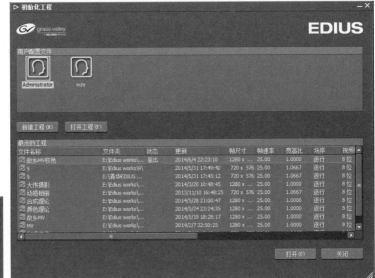

◀ 图 10-51 ▶　　　　　　　　◀ 图 10-52 ▶

在 EDIUS 中打开一个登出的项目，就如同打开其他的项目一样，然后可以根据需要进行修改或者精加工。

　提示　登出的项目不能在其他计算机上登入，只有当该项目经过其他计算机的编辑再返回原计算机才可以登入。

2　登入一个登出项目

只要一个项目在原计算机上保持登出状态，打开该项目时就会弹出"登出状态"对话框，如图 10-53 所示。

从对话框中可以选择登入或者以只读方式打开该项目文件。

当以只读方式打开该项目文件时，可以选择主菜单中的"文件"|"工程外编辑"|"登入"或"取消登出"命令，如图 10-54 所示。

◀ 图 10-53 ▶

　提示　如果选择了撤销登出命令，登出的项目将不可用，原计算机上的原项目可以进行编辑，可移动硬盘上的登出项目不再可用。

如果选择"登入"命令，弹出"登入"对话框，如图 10-55 所示。

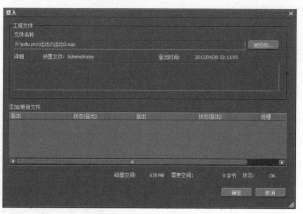

◀ 图 10-54 ▶   ◀ 图 10-55 ▶

当项目登入完成，在项目中添加的素材或做过的编辑都会出现。

10.3.4　优化工程

在影视后期编辑过程中，经常会使用大量的素材，而且这些素材有可能在不同的硬盘或目录中，当将一个项目从一台计算机转移到另一台计算机继续工作时，首先要把素材全部复制到一个指定的目录中。比如，通过移动硬盘转移项目的话，就需要把素材复制到 USB 硬盘上，使用优化项目来完成素材的收集整理。

选择主菜单中的"文件"|"优化工程"命令，弹出"优化工程"对话框，如图 10-56 所示。

 提示　如果指定存储工程的硬盘空间不足，会有红色字符提示，如图 10-57 所示。

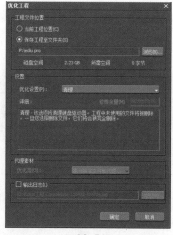

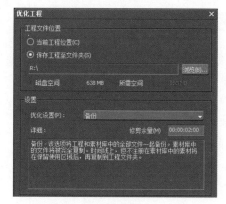

◀ 图 10-56 ▶   ◀ 图 10-57 ▶

1）工程文件位置
可以存储在当前工程的位置，也可以单击"浏览"按钮指定一个新的文件夹。

2）设置
单击"优化设置"下拉按钮，其中包括 6 种设置，选择其中一种，在"详细"栏中有对应的解释。

如图 10-58 所示。

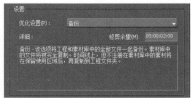
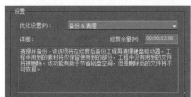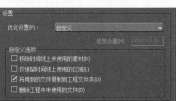

◀ 图 10-58 ▶

 提示　个别优化设置会从硬盘中删除素材，甚至不能恢复，使用时要特别小心。

3）代理素材

如果在工程中使用了代理素材，从下拉菜单中可以选择高分辨率或者代理素材，如图 10-59 所示。

4）输出日志

勾选该复选框，并指定存储日志的位置。输出日志包含详细的优化操作的记录，可以用记事本打开查看，如图 10-60 所示。

◀ 图 10-59 ▶　　　　　　　　　◀ 图 10-60 ▶

设置完毕后，单击"确定"按钮，因选择的优化设置不同，或弹出优化工程的进度显示，或者提示删除的对话框。

10.4　本章小结

本章主要讲解 EDIUS 7 对编辑成品的输出，包括输出文件、录制磁带、刻录 DVD 以及音频的通道映射等，重点讲解跨平台的工程共享，不仅可以应用 EDL 和 AAF 文件，还可以应用工程外编辑。优化工程是整理素材文件的必要手段，登出和登入可以使用不同的计算机编辑同一工程，以提高效率。